KB135697

나만의 반려식물 가꾸기

원예와 함께하는 생활

Living & Horticulture

부민문화사

차 례

05 원예식물의 관리

06 식물로 실내 꾸미기

07 관엽식물 기르기

08 초본화훼류 기르기

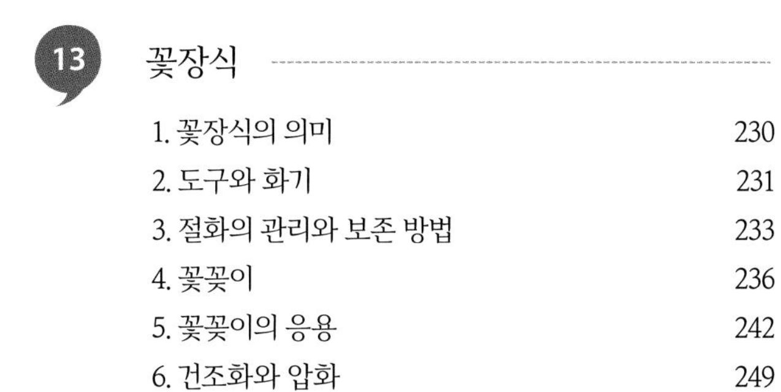

13 꽃장식

14 인간과 식물, 그리고 원예 생활

원예이야기

생활원예란?

생활원예는 취미생활의 일환으로 생활공간 속에서 식용이나 미적 만족을 위해 원예식물을 기르거나 감상하는 것을 말한다.

원예라 하면 흔히들 화훼(花卉) 식물을 기르는 것만을 연상하기 쉽지만 폭넓은 의미에서의 생활원예는 꽃 기르기뿐만 아니라 채소나 과수 기르기, 꽃장식 만들기나 식물로 가꾸어진 경관을 즐기는 일체의 행위를 포함한다.

생활원예의 정의

1 원예(horticulture)의 정의

園(hortus : enclosure) + 藝(cultura : cultivation)

원예란 소규모의 제한된 토지에서 영리를 목적으로 꽃이나 채소, 과수를 기르는 것을 말하며, 장소의 규모에 한정짓지 않고 집약적, 기술적으로 재배 및 관리하여 높은 수익을 얻을 수 있는 식물을 재배하는 것을 의미하는 경우가 많다.

온실에서 화훼(장미)의 재배

온실에서 채소(네트멜론)의 재배

과수(사과)의 재배

그림 1-1 | 원예의 정의

2 생활원예

취미생활의 일환으로 인간의 생활 공간 속에서 식용이나 미적 만족, 교육, 치료적인 목적으로 원예식물을 기르거나 감상하는 것을 말한다. 생활원예는 직접 씨를 뿌리고, 물과 비료를 주면서 식물을 키워 수확할 때 얻는 즐거움이 가장 크다. 그러나 간접적으로 원예식물의 전시회나 수목원, 식물원 혹은 식물의 향을 느끼면서 생활원예의 즐거움을 얻을 수도 있다. 따라서 자신의 주변 환경이나 여건에 맞는 원예활동을 고른다면 시간이나 공간의 제약을 받지 않고 즐길 수 있는 장점이 있어 다른 취미활동보다 범위가 넓고 다양하다.

생활원예의 의의

1 마음기르기

조선의 대표적인 가드너였던 다산 정약용 선생은 생활에서 여가활동으로서의 꽃기르기는 마음을 기르는 것이라고 하였다. 복잡하고 근심에 찬 생활 속에서 꽃이라는 생명체의 아름다움을 추구하는 몰입 과정에서 자연스럽게 선하고 아름다운 마음이 길러진다는 의미일 것이다.

2 쾌적한 환경 조성

현대에는 도시화 및 주택난 등으로 인해 녹지 공간이 많이 줄어들었고 실내에서 활동하는 시간이 많아짐에 따라 건축 자재나 페인트, 가구 등에서 방출되는 유해한 오염물질에 빈번히 노출되고 있는 실정이다.

미국항공우주국(NASA)의 연구 결과에 따르면 실내에 놓인 식물이 미세한 먼지나 유독한 휘발성 유기물질(VOC : volatile organic compounds)을 정화하는 능력이 있다고 한다. 또한 식물이 각종 전자제품에서 나오는 전자파를 감소시킨다는 연구 결과도 보고되어 있고, 식물이 많은 장소는 인간이 생활하기에 좀더 쾌적한 실내 환경으로 공중습도와 온도의 조절이 가능하여 에너지 절감의 효과도 얻을 수 있다.

그림 1-2 | 실내에서 기르는 관엽식물은 실내 공기를 정화시켜 준다.

그림 1-3 | 각종 실내의 전자제품에서 발생하는 전자기파를 일부 흡수하는 선인장류

그림 1-4 | 담쟁이덩굴과 같은 덩굴식물로 덮힌 건물은 외부온도의 영향을 덜받아 여름에는 비교적 서늘하고 겨울에는 따뜻하다.

3 치료 효과

원예식물의 감상이나 가꾸기는 단순히 아름다움을 즐기는 것에 그치지 않고 치료의 효과를 가져올 수도 있다. 즉, 직접 식물을 기르는 원예활동을 함으로써 정신적, 사회적인 성장을 하며 신체적인 발달과 자기 만족감 등을 길러 육체적인 재활과 정신적 회복을 추구할 수 있다.

4 교육 및 정서 효과

원예식물은 빛, 물, 온도 등의 자연환경에 의하여 싹이 트고, 꽃이 피며, 열매를 맺고 낙엽을 떨군다. 따라서 이러한 식물의 생육과정에 대한 이해를 통해 식물에 대한 인문학적 상식이나 생물 교육, 정서 교육, 자연 및 환경 교육의 장이 될 수 있다. 특히 어린이들의 원예활동은 식물이라는 생명체에 대한 체험적인 학습효과를 가져올 수 있기 때문에 많은 학교에서 권장되고 있다.

그림 1-5 | 자연과 식물 속에서 즐거워하는 어린이

5 사람들 간의 교류

동일한 목적을 위해 여러 사람이 함께 원예활동을 할 경우 각자 자신의 역할에서 책임감을 갖고 협동심도 얻게 된다. 또한 원예활동에 필요한 정보를 얻기 위해 원예를 잘 아는 사람들과 만나 원예상식을 나누며 접촉하는 기회를 가질 수도 있다. 따라서 대인관계가 향상됨은 물론 자신의 존재가치를 일깨워 주고 사는 보람을 느끼는 계기가 될 수 있다.

그림 1-6 | 원예식물을 통한 사람들과의 만남과 대화

6 무공해의 깨끗한 먹거리 공급

원예활동을 통하여 현대인에게 부족하기 쉬운 천연섬유질이나 적황색소, 비타민 등이 풍부한 채소나 과일을 '원하는 때에 적당한 양만큼' 손쉽게 수확할 수 있다. 가정에서 재배하여 수확한 채소나 과일은 농약 등의 오염에 대한 위험성이 비교적 적고, 유통 중에 발생하는 영양분의 손실도 없어 신선한 상태로 섭취할 수 있다.

그림 1-7 | 가정에서 기른 채소의 수확

생활원예의 범위와 종류

1 방법에 따라

1) 기르기

원예식물의 씨를 뿌리고 가지를 자르며, 비료를 주고 열매를 수확하는 등의 기르기 작업을 통해 즐거움을 맛보는 것은 가장 적극적이고 성취감을 많이 얻을 수 있는 원예 활동이다.

그림 1-8 | 튤립 심기

2) 꾸미기

원예 산업의 생산물인 분화류나 관엽식물 혹은 절화(切花 : 꽃꽂이용 꽃, cut flower), 건조화(乾燥花 : 말린꽃, dry flower), 압화(押花 : 누름꽃, press flower) 등을 이용한 미적인 디자인을 통해 주변의 생활환경을 꾸며서 즐거움을 맛보는 것이다.

그림 1-9 | 꽃바구니 만들기

그림 1-10 | 여름철 시원스런 열대풍 화단

그림 1-11 | 생활원예는 여름철 이웃집에 탐스럽게 핀 능소화를 즐길 수 있는 풍요로운 삶을 제공한다.

3) 감상하기

식물에 대한 기본적인 지식을 가지고 다른 사람이 기르거나 식물원, 공원 등에 있는 원예식물을 즐기는 것으로, 소극적이지만 가장 실행하기 쉽고 흔히 생활 속에서 접할 수 있는 방법이다. 이를 위해서는 무엇보다도 식물의 이름을 알아야 한다. 가령, 매일 지나치는 집 주변의 가로수나 옆집의 정원수를 보면서 아무런 감정도 느끼지 못하는 주된 이유 중에 하나는 '그것'이라고 생각하고 다른 사람들과 대화하기 때문이다. 그러나 '그것'에 대한 이름이나 잎, 줄기, 꽃 등의 특징적인 모습을 알게 된다면, 그때부터는 '그것'이 아니라 동시대에 이 지구상에 살고 있는 그 '식물', 그 '꽃', 그 '나무'라는 생명체가 된다.

우리는 그들의 무성함에 기뻐하고 그들이 주는 혜택(가령, 여름철 그늘을 제공하는 가로수나 가을철 아름다운 붉은색 단풍이 들어 우리에게 계절감을 제공하는 옆집 단풍나무)을 느끼면서 보다 여유있고 풍요로운 삶을 영위할 수 있을 것이다.

2 이용 식물에 따라

1) 화훼(꽃)

주로 아름다운 꽃이나 잎, 줄기, 열매 등의 미적인 관상(觀賞)을 목적으로 기르는 식물이다. 화훼식물에는 꽃을 감상하는 초본성 식물인 초화류나 꽃을 감상하는 목본성 식물인 화목류, 실내에서 푸르른 잎을 관상하는 관엽류, 난류 등이 속하고 건조화(말림꽃)와 압화(누름꽃)도 이에 포함된다.

그림 1-12 | 꽃을 감상하는 프리뮬러

그림 1-13 | 잎을 감상하는 아스플레니움

그림 1-14 | 줄기를 감상하는 선인장류

그림 1-15 | 열매를 감상하는 백량금

2) 채소나 과일

식용을 목적으로 기르는 식물들로서 각 식물의 특성과 적합한 환경을 고려하여 실내나 실외에서 기른다. 이 식물들을 통하여 기르는 즐거움과 영양이 풍부한 채소나 과일 등을 맛볼 수 있다.

3 장소에 따라

1) 실내원예

가정이나 사무실 등 실내에서 식물을 화분에 심어 직접 기르거나 장식하면서 원예를 즐기는 것으로 꽃꽂이, 테라리움, 공중걸이(hanging basket), 난 기르기, 분재 등이 있다.

2) 실외원예

주로 가정의 정원이나 화단에서 꽃이나 잔디, 정원수 등을 기르고 관리하면서 원예를 즐기는 것이다.

3) 공공원예

시민농원이나 관광농원, 식물원, 수목원, 공원 등과 같은 장소에서 식물을 기르거나 접촉 또는 냄새맡기 등과 같은 형태로 감상하면서 식물을 즐기는 것이다.

그림 1-16 | 아름답게 꾸며진 정원의 모습

그림 1-17 | 아름답게 꾸며진 공원이나 식물원, 수목원 등을 방문해서 식물을 즐기며 느끼는 것도 훌륭한 원예활동이 된다.

표 1-1. 생활원예의 종류

분류	종류
실내원예	베란다원예, 창가원예, 꽃꽂이, 테라리움, 난가꾸기, 분재, 공중걸이, 디시가든
실외원예	화단가꾸기, 잔디가꾸기, 정원수가꾸기
공공원예	관광농원이나 식물원, 수목원, 공원

원 예 이 야 기

왕벚나무의 사계

벚나무는 장미과에 속하는 낙엽성교목으로 잎이 나오기 전인 4월에 일제히 아름다운 꽃이 핀다. 흔히 버찌가 달려 벚나무라고 하며, 유사식물인 산벚나무나 올벚나무 등이 우리나라의 전 국토에 자생한다.

왕벚나무의 자생지는 우리나라의 전남 해남과 제주도 한라산 중턱으로 일본에서는 자생지가 발견되지 않았다.

왕벚나무의 일년

아름답게 활짝 핀 왕벚나무의 꽃(왼쪽 위의 사진은 열매인 버찌)

한때는 일본을 상징하는 나무라고 해서 천시받았으나, 현재는 4월 첫째 주 진해군항제를 시작으로, 전주에서 군산 간의 전군가도 벚꽃축제(보통 4월 둘째 주), 서울 여의도 윤중제나 어린이대공원 벚꽃축제(보통 4월 셋째 주) 등 남쪽지방에서 북상하면서 우리나라 봄을 대표하는 식물로 자리잡고 있다.

꽃이 진 후 잎이 나고 5월 말경 붉은색에서 검은색이 되는 열매(버찌)가 달리는데, 떨떠름한 맛이 난다. 10월경에는 주황색의 아름다운 단풍이 든다.

- 나무의 특징 : 줄기에 짙은 밤색인 피목(皮目)이라고 하는 숨구멍이 가로로 줄지어 있어 쉽게 왕벚나무임을 확인할 수 있다.
  잎에는 잎자루에 화외밀선(花外蜜腺)이라고 하는 두 개의 혹이 있다.

튼 손처럼 생긴 왕벚나무의 줄기에 있는 피목

원예식물의 종류

원예식물은 크게 화훼와 채소, 과수로 나눈다. 화훼란 관상을 목적으로 기르는 식물을 말하고, 채소와 과수는 주식이 아닌 부식을 목적으로 기르는 식물이다.
화훼에는 종류가 매우 다양한 초본성 및 목본성 식물이 포함되고, 채소는 주로 초본성 식물, 과수는 주로 목본성 식물이 많다.

화 훼

1 일이년생 초화류(一二年生草花類, 한두해살이화초)

씨를 뿌리면 싹이 터서 꽃이 피고 열매를 맺은 뒤 1년 이내에 생을 마치는 일년생 초화류는 씨를 뿌리는 시기에 따라 춘파일년초와 추파일년초로 구분된다.

춘파일년초(春播一年草)란 봄에 씨를 뿌려 그 해에 꽃이 피고 열매를 맺는 종류로 페튜니아, 샐비어, 매리골드, 코스모스 등이 있다. 추파일년초(秋播一年草)는 가을에 씨를 뿌려 화단, 온실 등에서 어린 싹의 상태로 겨울을 난 뒤 이듬해 봄에 꽃을 피우며 생장하는 초화류로 팬지, 프리뮬러, 데이지 등이 있다.

일년생 초화류는 대부분 꽃이 화려하고 동시에 피기 때문에 화단이나 용기에 심어 관상한다. 이년생 초화류는 봄에 씨를 뿌린 다음 그 해를 넘기고 이듬해에 꽃을 피우며 열매를 맺은 후 죽는 것을 말하는데 물망초나 접시꽃 등이 있다.

페튜니아 / 샐비어 / 프랜치 매리골드 / 코스모스

그림 2-1 | 봄뿌림 일년생 초화류

팬지 / 프리뮬러 / 데이지

그림 2-2 | 가을뿌림 일년생 초화류

물망초 / 접시꽃

그림 2-3 | 이년생 초화류

2 다년생 초화류(多年生草花類, 여러해살이화초)

씨를 뿌린 뒤 2년 이상 기를 수 있는 초화류로 겨울이 되면 땅 위의 잎과 줄기는 말라 죽지만 땅속의 뿌리는 살아남아 생육을 계속하는 초본성 화훼류를 말하며, 숙근초(宿根草)라고도 한다. 추위에 견디는 정도에 따라 화단에서 기를 수 있는 식물과 실내에서 길러야 하는 식물로 나눈다.

우리나라의 추위에 약한 초화류는 열대 원산인 군자란, 임파치엔스, 제라니움 등이 있고 추위에 강한 초화류는 숙근플록스, 루드베키아, 금계국, 옥잠화, 작약 등이 있다.

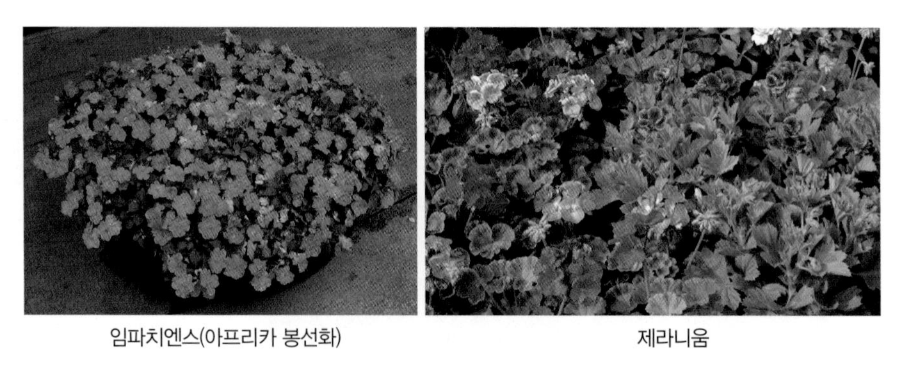

임파치엔스(아프리카 봉선화)　　제라니움

그림 2-4 | 추위에 약한 다년생 초화류

숙근플록스　　루드베키아

금계국　　작약

그림 2-5 | 추위에 강한 다년생 초화류

3 알뿌리식물(구근식물, 球根植物)

알뿌리식물은 다년생 초화류의 일종으로 식물체의 잎, 줄기, 뿌리 중의 일부가 지하에서 비대해져 알뿌리가 된 초화류를 말한다. 우리가 일상 속에서 자주 먹는 양파나 감자, 고구마도 알뿌리식물로서 양파는 잎을, 감자는 줄기를, 고구마는 뿌리를 식용하는 것이다. 알뿌리식물의 알뿌리는 양분의 저장기관으로 화훼 원예에서는 번식수단으로 주로 이용된다.

또한 알뿌리식물은 추위에 견디는 내한성(耐寒性)의 정도에 따라 알뿌리를 심는 시기가 봄과 가을로 달라진다. 내한성이 강한 튤립이나 수선화, 크로커스 등은 가을에 심어 봄에 꽃을 보고 여름에 거두어들인다. 반면 우리나라의 겨울철 추위를 견디지 못하는 칸나, 다알리아, 나리(백합) 등은 봄에 심어 여름에 꽃을 보고 가을에 거두어들인다

표 2-1. 알뿌리식물의 종류

종류	대표적인 식물
인경(鱗莖, 비늘줄기)	튤립, 수선화, 백합, 양파
구경(球莖, 알줄기)	글라디올러스
괴경(塊莖, 덩이줄기)	아네모네, 감자
근경(根莖, 뿌리줄기)	칸나, 생강
괴근(塊根, 덩이뿌리)	다알리아, 고구마

그림 2-6 | 가을에 심는 알뿌리식물과 알뿌리

그림 2-7 | 봄에 심는 알뿌리식물과 알뿌리

4 관엽식물(觀葉植物, 잎보기식물)

잎이 넓거나 크고 독특한 무늬와 색이 있어 주로 잎을 보고 즐기는 식물로, 대부분이 열대지방의 밀림 속에서 자라던 식물이므로 추위에 약해 실내에서 기르기 적당하다. 일반적으로 그늘에서 잘 자라고 습도를 높여주어야 하며 휴면이 없어 연중 푸른 잎을 감상할 수 있다. 번식은 주로 잎이나 가지 등을 이용한 꺾꽂이(삽목, 揷木)나 포기나누기(분주, 分株) 방법을 많이 이용한다.

그림 2-8 | 천남성과 식물

그림 2-9 | 고무나무류

대표적인 식물로는 천남성과 식물(스킨답서스, 싱고니움, 디펜바키아, 아글라오네마 등), 고무나무류, 야자류, 두릅나무과 식물 등이 이에 속한다.

그림 2-10 | 야자류

그림 2-11 | 두릅나무과 식물

5 다육식물과 선인장류

줄기나 잎에 많은 수분을 함유하고 있는 식물을 다육식물(多肉植物)이라 하고, 그중 가시가 있고 비대된 줄기가 아름다운 식물을 선인장류라 한다. 이들의 원산지는 주로 고온 건조한 지역이므로 건조에 상당히 강하며, 식물에 따라 특이한 줄기 혹은 화려한 꽃이 관상가치가 있어 실내에서 화분으로 가꾸는 경우가 많다. 칼랑코에, 용설란, 알로에, 공작선인장, 게발선인장 등과 자생식물인 꿩의비름, 돌나물, 기린초 등이 있다.

아데니움 / 솔잎채송화 / 칼랑코에 / 칼랑코에 / 채송화 / 게발선인장

그림 2-12 | 화려한 꽃이 피는 다육식물

크라슐라 유포르비아 오푼티아 녹영(방울선인장)

그림 2-13 | 줄기나 잎모양이 특이한 다육식물과 선인장류

6 화목류(花木類, 꽃보기나무)

주로 꽃이나 잎, 과실을 감상하는 식물로 겨울철에 월동 가능한 식물을 정원에 심어 즐긴다. 추위에 약한 치자나무나 동백나무는 화분에 심어 겨울에 실내에서 기르는 경우도 있다.

매화나무

배롱나무

그림 2-14 | 꽃이 아름다운 꽃보기 큰나무

산철쭉

능소화

그림 2-15 | 꽃이 아름다운 꽃보기 작은나무

온대 원산의 식물은 보통 개화 전년도에 꽃눈이 형성되어 그 다음해 봄에 꽃이 피고, 열대산 화목류는 그 해 자라난 가지에서 꽃이 핀다.

소나무 향나무 쥐똥나무 주목

그림 2-16 | 잎이 아름다운 잎보기 나무

모과나무 피라칸사

그림 2-17 | 열매가 아름다운 열매보기 나무

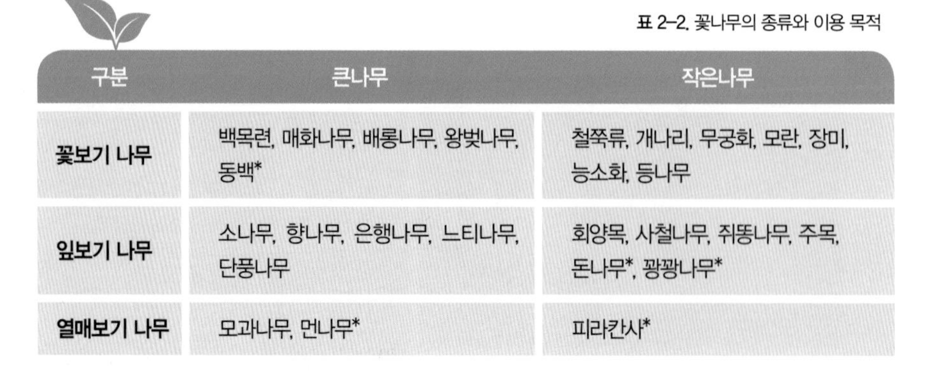

표 2-2. 꽃나무의 종류와 이용 목적

구분	큰나무	작은나무
꽃보기 나무	백목련, 매화나무, 배롱나무, 왕벚나무, 동백*	철쭉류, 개나리, 무궁화, 모란, 장미, 능소화, 등나무
잎보기 나무	소나무, 향나무, 은행나무, 느티나무, 단풍나무	회양목, 사철나무, 쥐똥나무, 주목, 돈나무*, 꽝꽝나무*
열매보기 나무	모과나무, 먼나무*	피라칸사*

* 남부지방의 정원에서 기르는 나무

7 분화식물

대부분 원산지가 열대지방인 식물로 우리나라와 같은 온대지방에서는 화단에서 월동하기가 어려우므로 따뜻한 실내에서 기르며 관상하는 식물이다.
화려한 꽃이 피며 대표적으로 부겐빌레아, 포인세티아, 하와이무궁화, 아프리칸 바이올렛, 란타나, 안스리움 등이 널리 이용되고 있다.

부겐빌레아 / 포인세티아 / 하와이무궁화 / 후크시아 / 란타나 / 안스리움

그림 2-18 | 화분에 심어 기르는 분화식물

8 난과식물

난과식물은 원산지에 따라 열대산(양란)과 온대산(동양란)으로 구분할 수 있으며, 전 세계적으로 약 30,000여 종이 자생하고 있다. 난 꽃은 그 형태의 아름다움뿐만 아니라 수명이 다른 종류에 비해 길고 독특한 향기가 있어 관상가치가 매우 높다.

우리나라에서는 각종 행사의 선물용으로 꽃이 크고 화려한 서양란을 많이 이용하고 있으나, 가정에서 기르는 것은 단아하고 고귀함이 풍기며 향기가 있는 동양란을 더 선호하고 있다.

난과식물은 뿌리가 자라나는 습성에 따라 땅속에 뿌리를 내리고 자라는 지생란(地生蘭)과 나무 위나 바위에 붙어 고착생활을 하는 착생란(着生蘭)으로 나누기도 한다.

춘란

풍란(소엽풍란)

나도풍란(대엽풍란)

그림 2-19 | 동양란

심비디움

팔레놉시스

덴파레

그림 2-20 | 꽃이 화려한 서양란

9 허브식물

잎이나 줄기가 식용과 약용으로 쓰이고 향이 있는 초본식물을 허브(herb)라고 한다. 그러나 최근에는 '꽃과 종자, 줄기, 잎, 뿌리 등이 약, 요리, 향료, 살균, 살충 등에 사용되는 인간에게 유용한 모든 초본식물'을 허브라고 한다. 즉, 허브식물은 식용으로의 이용뿐만 아니라 몸의 상태를 조절하는 치료적인 기능과 함께 요리나 피부미용 등의 일상생활에서도 유용하게 이용된다.

허브는 일반적으로 햇빛이 충분히 들고 통풍이 잘 되며 배수가 좋은 생육환경을 제공해 주면 건강하게 잘 키울 수 있다. 백리향(타임), 로즈마리, 라벤더, 바실, 자스민, 치자나무, 민트류, 레몬밤, 제라니움, 파인애플세이지 등이 있다.

로즈마리

라벤더

타임

그림 2-21 | 허브식물

군자란도 난인가?

군자란

우리나라에는 옛부터 난초라고 부르는 식물이 많다. 흔히 상사화, 원추리, 맥문동을 난초라고 부르는데 이것은 식물에 대한 지식이 없어 동양란과 생김새가 흡사하면 모두 난초로 알았기 때문이다. 이뿐만 아니라 원예종으로 많이 이용하는 군자란, 문주란을 난초라고 하는 것도 잘못된 것이다. 군자란과 문주란은 수선화과이다. 난과 비슷하게 생겼다고 해서 난이라고 부르지 말아야 한다.

또한 동양란은 꽃대에 꽃이 피는 수에 따라 난(蘭)과 혜(蕙)라고 하여 엄격히 구별하였으며, 한 대에 한송이만 꽃피는 것을 참된 난으로 여기고, 여러 송이가 피는 것은 혜라고 하여 품위가 떨어진다고 하였다.

일경일화(一莖一花)에는 우리나라의 춘란과 중국 및 일본 춘란이 있고, 일경다화(一莖多花)에는 한란, 건란, 보세란이 있다.

채소

채소는 주로 신선한 상태로 부식(副食) 또는 간식(間食)으로 이용되는 조리용 초본성 식물로 인체에 필요한 각종 비타민과 무기질의 중요한 공급원이 된다. 생활원예에서 이용 가능한 채소는 식물체의 어느 부위를 이용하느냐에 따라 다음과 같이 나눈다.

① 엽채류(葉菜類, 잎채소) : 상추, 배추, 양배추 등

② 근채류(根菜類, 뿌리채소) : 무, 당근, 감자, 고구마 등

③ 과채류(果菜類, 열매채소) : 딸기, 고추, 토마토, 수박, 오이, 멜론 등

고구마 감자 당근

그림 2-22 | 뿌리채소

멜론 수박 딸기

그림 2-23 | 열매채소

과 수

과수는 식용 가능한 열매가 열리는 나무로 우리나라에서 재배되고 있는 과수는 약 40여 종이 있다. 화훼류의 경우에는 기르는 즐거움과 보는 즐거움이 있는 반면, 과수는 향기로운 열매를 맛보는 큰 즐거움과 더불어 섭취함으로써 신체를 건강하게 해주는 영양적, 보건적인 기능을 한다.

생활원예에서 이용 가능한 과수는 나무의 크기나 모양에 따라 다음과 같이 나눈다.

1 큰나무 과수

① 인과류(仁果類) : 사과, 배, 모과

② 핵과류(核果類) : 복숭아, 자두, 살구, 매실

③ 각과류(殼果類) : 밤, 호두

④ 기타 : 감, 대추, 석류, 무화과

무화과

블루베리

참다래

그림 2-24 | 과수의 종류

2 작은나무 과수

① 소과류(小果類) : 나무딸기, 블랙베리, 블루베리

② 기타 : 보리수, 산수유

3 덩굴성 과수

포도, 머루, 참다래(키위프루트)

원예이야기

식충식물

흔히 식물은 움직임을 느낄 수 없어 별다른 감흥을 가지지 못한다고들 한다. 그렇지만 식물들은 단순히 햇빛만 쬐면서 서있는 것은 아니다.

가령 미국 캐롤라이나주의 습지에 사는 비너스파리잡이풀(Venus flytrap)을 생각해 보자. 이들의 둘로 접혀진 가시가 돋힌 잎은 올가미처럼 열렸다가 닫힌다. 이들은 다른 모든 식물들처럼 질소나 다른 양분 없이는 자랄 수 없는데 이들이 사는 습지의 토양에는 이러한 양분이 거의 없다. 하지만 이곳에는 파리들이 우글거린다.

비너스파리잡이풀

이들의 잎 표면에서 분비되는 끈적끈적한 당분은 곤충들이 앉는 것을 유혹한다. 이때 잎 표면에 있는 털같은 구조를 동시에 두 개, 혹은 하나를 반복해서 두 번 건드리면 잎의 올가미가 재빠르게 닫힌다. 그러면 잎에서 소화액들이 분비되어 곤충을 녹인 다음 양분을 뽑아낸다.

이 비너스파리잡이풀은 식충식물의 한 예로 우리나라에도 산성의 습지에서 자라는 끈끈이주걱이 있다.

끈끈이주걱

하지만 모든 식충식물이 이들처럼 움직이는 올가미로 곤충을 잡지는 않는다. 벌레잡이통풀류(네펜테스, 사라세니아) 처럼 함정에 빠지도록 유혹하는 종류도 있다.

네펜테스

사라세니아

원예식물과 환경

생물은 주어진 환경을 최대한 이용하여 자신의 생존과 번식을 위해 생육한다. 특히, 식물은 이동성이 적기 때문에 주변 환경에 적응하도록 최대한의 노력을 다한다. 따라서 인위적인 환경조건에서 식물을 기르는 생활원예는 각각의 식물이 좋아하는 최적 환경을 만들어 줌으로써 그 식물이 가진 생육의 최대퍼텐셜을 발휘할 수 있도록 하는 것이 중요하다.

광(빛)

대부분의 고등식물은 양분(탄수화물) 합성을 위해 반드시 빛이 있는 곳에서 자라야 한다. 또한 꽃과 잎의 색도 빛을 받아야 선명하게 나타나고, 꽃이 피고 지는 것도 빛에 의해 달라진다.

식물의 생육에 미치는 광요인으로는 광도(光度, 빛의 세기), 광질(光質, 빛의 파장), 일장(日長, 빛의 길이) 등이 있다.

그림 3-1 | 빛을 충분히 받아 형성된 붉은 포엽(우)과 그렇지 못한 식물(좌)의 모습

1 광도(light intensity)

식물이 받는 빛의 세기를 광도라고 한다. 식물은 종류에 따라 서로 다른 빛의 세기를 원하기 때문에 강한 직사광선이 내려쬐는 사막이나 열대우림의 아래와 같은 어두운 밀림에서도 자리잡고 살아가는 것이다.

원예식물의 광요구도는 일반적으로 침엽수가 가장 높고 실외 꽃보기식물, 실내 꽃보기식물, 실외 잎보기나무, 실내 관엽식물의 순이다. 과수 및 채소류의 광요구도는 보통 과수류(果樹類), 과채류(果菜類, 열매채소), 허브, 근채류(根菜類, 뿌리채소), 엽채류(葉菜類, 잎채소)의 순이다. 따라서 꽃보기식물이나 과수, 과채류는 최대한 빛을 많이 받는 곳에서 재배해야 꽃이 많이 피고 열매도 많이 열리는 반면, 잎보기나무나 관엽식물은 비교적 낮은 광도에서도 잘 자라므로 너무 빛이 많은 곳에서 기르면 잎이 타거나 작아진다.

생장에 필요한 광도의 요구에 따라 식물을 나누어 보면 다음과 같다.

표 3-1. 광도에 따른 화훼 식물의 분류

구분	음지식물	중생식물	양생식물
꽃	소박하다.	색과 모양이 화려하다.	색과 모양이 화려하다.
잎	넓고, 얇으며 수는 적다.		작고 두꺼우며 수가 많다.
원산지	주로 열대산식물	온대산, 열대산식물	온대산식물
대표적인 식물	관엽식물과 양치식물	철쭉류, 진달래, 라일락, 봉선화	채송화 맨드라미 선인장류 소나무 향나무

표 3-2. 광도에 대한 식물의 반응

구분	저광도	고광도
잎	커짐	작아짐
엽색	짙어짐	옅어짐
엽육두께	감소	증가
줄기	마디가 길어짐	마디가 짧아짐
꽃	수와 향기 감소	수와 향기 증가
엽록소	증가	감소
기공밀도	감소	증가
과도할 때	수관이 엉성, 낙엽	과도한 호흡으로 생육억제, 잎의 황화

2 광질(light quality)

1) 자연광

자연광은 그 파장의 길이에 따라 자외선, 가시광선, 적외선으로 구분하며 사람과 마찬가지로 식물 생육에 많은 영향을 미치는 광선은 가시광선이다. 그러나 적당한 자외선을 받아야 꽃색이 잘 발현되고, 적외선은 꽃이 피고 꽃눈이 맺히는 것에 관여하기 때문에 식물은 자연광을 받고 자라야 한다.

2) 인공광선

실내에서 식물을 재배할 기회가 많아짐에 따라 부족한 빛을 인공광선으로 보충해 주어야 한다. 실내에서 주로 이용하는 것으로는 형광등과 백열등이 있다. 형광등은 비교적 광도가 높고 열 발생이 적으며 수명이 길어 식물 생육에 적당하다. 반면 백열등은 열이 많이 나므로 최소한 15cm 정도 떨어진 곳에 식물을 두어야 하고 식물이 웃자라는 경향이 있다.

대부분의 관엽식물은 낮은 광도에서도 잘 자라지만, 너무 어두운 실내에서는 웃자라서 모양이 엉성해지는 것을 막기 위해 인공조명으로 광을 보충해 줄 필요가 있다.

3 일장(日長)

식물이 단순히 빛의 세기에 의해서만 꽃이 피고 진다면 아마도 수시로 꽃을 피울 것이다. 그러나 식물은 광도뿐만 아니라 낮의 길이에 따라서도 꽃눈을 맺고 꽃 피우는 시기를 감지하기 때문에 매년 같은 시기에 꽃이 필 수 있는 것이다.

밤낮의 길이에 따라 꽃이 피는 식물은 다음과 같이 나눈다.

1) 장일식물(長日植物)

봄, 여름에 꽃이 피는 대부분의 식물은 낮의 길이가 긴 장일조건이 생장과 번식에 영향을 미친다. 페튜니아, 아이리스, 상추, 시금치 등이 있다.

2) 중성식물(中性植物)

낮의 길이에 관계없이 어느 정도 자랐을 때 꽃이 피는 식물로 장미, 군자란, 제라니움, 무궁화 등이 있다.

3) 단일식물(短日植物)

낮의 길이가 짧은 가을에 꽃이 피는 식물로 국화, 포인세티아, 칼랑코에 등이 있다. 따라서 자연상태에서는 가을이나 겨울에 피지만, 생산자가 인위적으로 광을 차단하거나 조사(照射, irradiation)함으로써 연중 볼 수도 있다.

그림 3-2 | 장일식물 페튜니아

그림 3-3 | 낮의 길이에 상관없이 꽃이 피는 무궁화

그림 3-4 | 대표적인 단일식물인 국화와 포인세티아

온도

식물이 광합성으로 탄수화물을 만들고 뿌리로 무기양분과 수분을 흡수하는 등의 여러 가지 대사활동은 온도에 따라 크게 달라진다. 식물에 따라 필요로 하는 온도조건이 다르기 때문에 최적의 온도조건이 주어지지 않으면 양분이 적게 만들어지거나 잎에서 물이 빠져나가 시들게 되어 결국 정상적인 개화, 결실을 할 수 없게 된다. 따라서 식물을 건강하게 기르기 위해서는 때로 보온이나 냉방이 필요하다.

1 식물의 최적 온도

현재 우리가 이용하고 있는 원예식물은 세계 각지에서 자생하던 식물을 모아 놓은 것이기 때문에 원하는 온도환경이 서로 다르다. 원산지의 온도에 따라 식물을 분류하면 다음과 같다.

① 열대(25~30℃) : 대부분의 관엽식물

② 온대(15~25℃) : 개나리, 국화, 장미, 나리 등

③ 한대(10~20℃) : 솜다리, 구상나무, 만병초 등 고산식물

2 온도의 영향

1) 생육적온보다 높은 온도의 영향

식물은 온도가 높아지면 최대한 자신의 체온을 유지하기 위해 잎을 통해 물을 밖으로 배출하는데 그 양이 뿌리에서 흡수하는 물의 양보다 많아지면 시들고 심하면 죽게 된다. 그리고 호흡이 빨라져 저장했던 양분을 더 많이 소모하게 된다. 특히 꽃은 온도의 영향에 민감하여 꽃피는 시기가 빨라지고 꽃이 빨리 지며 꽃

색도 퇴색하여 결국 노화를 앞당기게 된다. 우리나라의 경우 여름철 장마기와 더위가 있어 제라니움이나 허브식물과 같은 유럽 원산의 식물, 구상나무나 만병초와 같은 고산식물을 기르는 데 어려움이 있다.

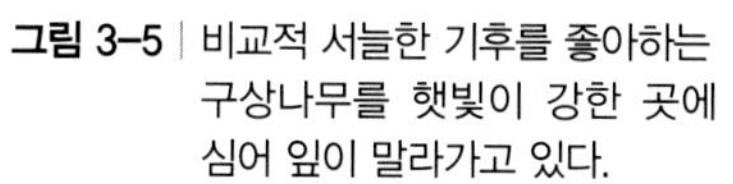

그림 3-5 | 비교적 서늘한 기후를 좋아하는 구상나무를 햇빛이 강한 곳에 심어 잎이 말라가고 있다.

표 3-3. 열대산 식물과 온대산 식물의 특징

구분	열대산		온대산
	잎보기식물	꽃보기식물	
꽃의 모양		화려하고 크다.	비교적 수수하고 작다.
그루당 꽃수		적다.	많다.
관상부분	잎	화려하고 큰 꽃	일제히 피는 많은 수의 꽃
휴면	거의 없다.	없거나 짧다.	길다.
개화	어느 정도 자란 후	어느 정도 자란 후	일장 또는 저온을 받은 후
잎	크다.		작다.
빛	적게 요구	적당히 요구	많이 요구
온도	20℃ 이상	20℃ 이상	20℃ 이하
번식	영양번식	영양번식	종자번식
대표적인 식물	몬스테라	하와이무궁화	팬지

2 생육적온보다 낮은 온도의 영향

겨울이 되면 다년생 초화류는 땅속에 뿌리만 살아서 겨울을 지내지만 추위에 약한 초화류는 저온에 견디지 못해 죽고 만다. 여름에 밖에서 키우는 많은 분화식물은 온도가 급격히 내려가는 상강(霜降, 서리가 내리기 시작하는 시기로 중부지방은 대략 11월초)을 전후로 실내로 옮겨주어야 저온에 대한 피해를 줄일 수 있다.

그림 3-6 | 대부분의 관엽식물은 서리가 내리기 전후로 실내로 들여 놓아야 한다.

3 휴식온도(춘화처리, 春化處理)

식물은 겨울에 잎을 내지 않고 꽃도 피우지 않는 휴식기간을 갖는다. 일정기간 휴식 후 적당한 환경이 되면 다시 꽃을 피우고 잎을 내기 시작하는데 히아신스나 튤립의 경우 4~5℃에서 30일 동안 휴식을 해야 꽃을 피울 수 있다. 그리고 이러한 저온에서의 휴식을 갖지 않으면 최적조건이 되어도 꽃이 피지 않는 경우도 있다.

수분

식물은 체내에 80~90%의 수분을 함유하고 있으며 끊임없는 물의 흡수와 배출 과정을 통해 생장을 유지한다. 실외의 식물과 달리 화분에 심긴 식물은 기르는 사람이 주는 물에 절대적으로 의존하기 때문에 물이 부족하거나 과다하기 쉽다.
물주기는 화분에서 식물을 기를 때 가장 중요한 요소이므로 식물에 따른 수분요구도에 대한 이해가 필요하다.

1 수분의 역할

물은 빛과 더불어 광합성을 통한 탄수화물 합성의 원료가 되고, 뿌리를 통해 흡수된 무기양분을 운반하며 식물체의 체형을 탄력있게 유지시켜 준다.

그림 3-7 | 물을 무척 좋아하는 뉴기니아임파치엔스는 봄철 하루만 물을 주지 않아도 심하게 시들다가 물을 주면 한시간 만에 회복된다.

2 우리나라 기후의 특성

우리나라는 봄, 가을, 겨울에 가뭄이 심하고 주로 여름에 강우가 집중되는 특성이 있으므로 봄철 식물이 왕성한 생장을 할 때와 여름철 과습으로 인한 생육장해나 병해충에 주의해야 한다.

봄에는 가뭄으로 인해 생장을 막 시작하는 많은 식물들의 어린 순이 진딧물에 의해 큰 피해를 입게 되므로 물을 자주 주어야 한다. 수분이 부족하여 건조할 경우 무궁화와 같은 꽃나무는 줄기가 보이지 않을 정도로 진딧물이 뒤덮여 있는 것을 흔히 볼 수 있다.

봄에 꽃이 피는 대부분의 구근류는 개화 후 구근이 커질 때 여름철의 장마를 만나게 되어 제대로 자라지 못하므로, 현재 우리나라는 대부분의 구근류를 수입하고 있다.

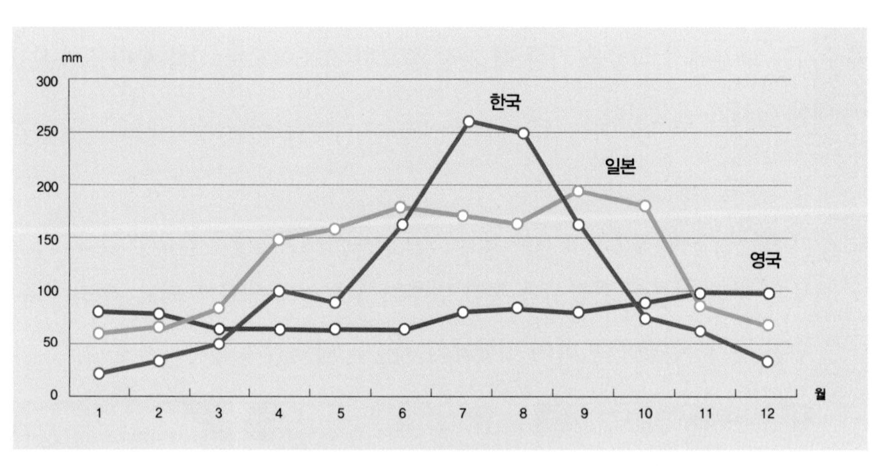

그림 3-8 | 주요 국가의 월별 강수량 분포

3 식물에 필요한 수분의 종류

1) 토양수분(soil water)

토양은 식물의 생육에 필요한 수분의 주요 공급처로 관수(灌水), 비, 온도, 토양의 특성에 따라 양이 달라진다. 토양에 있는 물 중에서 식물이 뿌리를 통해 주로 흡수하는 물은 모세관수이다.

2) 공중습도(humidity)

그림 3-9 | 착생란 반다는 높은 공중습도를 요구한다.

정원에서 기르는 식물은 문제시되지 않으나 실내에서 기르는 식물의 경우 낮은 습도는 생육에 영향을 미친다. 실내의 냉난방으로 인해 건조가 더욱 심해지면 잎이 말라죽는 증상이 나타나므로 습도를 높이기 위해 분무기로 자주 물을 뿌려주는 것이 좋다.

특히 열대 원산의 관엽식물이나 착생란은 습도에 민감하여 공중습도가 낮은 실내에서는 화분에 물을 주어도 잎이 마르거나 잎끝이 타는 증상을 나타내는 경우가 있으므로 분무기나 가습기를 이용하여 습도를 조절할 필요가 있다.

4 서식지의 수분량에 따른 식물의 분류

1) 수생식물

항상 물이 있는 연못 같은 곳에서 자라는 식물로 뿌리가 수중 토양으로 뻗어 있고, 산소나 이산화탄소 등 생장에 필요한 기체의 교환을 위해 엽병(葉柄, 잎자루)과 뿌리에 통기조직이 발달되어 있다. 물옥잠화, 연, 수련 등과 물 위에 떠서 생활하는 워터레터스가 이에 해당된다.

연 수련 워터레터스

그림 3-10 | 수생식물

2) 습생식물

천남성과 식물을 비롯한 대부분의 실내 잎보기식물로 줄기에 통기조직이 발달되어 있어 비교적 습한 조건에서 잘 자란다.

3) 중생식물

대부분의 원예식물이 이에 포함된다.

4) 건생식물

사막이나 건조한 토양에서 잘 자라는 식물로 다육식물이나 선인장 등이 있으며 이들은 체내에 저수조직이 발달되어 있어 건조에 잘 견딘다.

그림 3-11 | 습생식물인 천남성과의 필로덴드론 셀로움

그림 3-12 | 저수조직이 발달되어 건조에 강한 오푼티아

5 수분의 영향

1) 부족한 수분

수분이 부족하면 가장 먼저 잎이 시들고 영양 결핍의 증상이 나타나며 심하면 말라 죽게 된다. 뿌리의 상태를 보면 수분이 부족한 환경에서는 토양에 있는 물을 최대한 빨아들이기 위해 뿌리털이 많이 생긴다. 따라서 잔뿌리가 필요한 근채류는 약간 건조한 상태로 기르기도 한다.

2) 과다한 수분

자주 물을 주어 과습한 경우에는 토양 내의 산소가 부족하여 뿌리가 썩게 된다. 결국 양분이나 수분을 식물체로 공급하지 못해 생육이 억제되고 심할 경우 죽게 된다.

3) 물주기의 주의사항

① 봄, 가을에는 1일 1회가 적당하다.

② 겨울에는 3~4일에 한 번 따뜻한 날에 준다.

③ 대부분의 초화류는 가능하면 꽃이나 잎에 물이 닿지 않도록 토양에만 준다.
예) 페튜니아, 임파치엔스

④ 햇빛이 강한 여름철에는 잎 표면에 맺힌 물방울로 인한 렌즈현상으로 잎이 타지 않도록 주의한다.

⑤ 화분식물은 표면이 약간 말라보일 때 바닥에서 물이 나올 정도로 충분히 관수한다.

⑥ 화분 받침에 오랫동안 물이 고여 있는 때에는 물이 썩을 수 있다.

⑦ 한여름이나 겨울철에는 너무 차갑거나 뜨거운 물을 주지 않도록 주의한다.

그림 3-13 | 햇빛이 강한 여름철에 물이 식물의 잎에 닿으면 물방울이 렌즈처럼 빛을 모아 잎을 태울 수 있다.

토 양

토양은 식물에 필요한 양분과 물의 공급처일 뿐만 아니라 식물을 지지해주는 기능을 한다. 토양은 일반적으로 기체 상태 25%, 물 25%, 고체 상태 50%일 때 식물 생육에 가장 좋다.

1 토양의 특성

1) 물의 양

토양이 보유하고 있는 물의 양은 토양이 물을 잡는 힘이라고 할 수 있으며 식물의 생육에 많은 영향을 미친다. 토양의 종류에 따른 물의 양은 피트모스, 펄라이트 등의 특수토양이 가장 많고, 진흙, 부엽토, 모래의 순으로 많다.

2) 통기성

토양의 통기성은 뿌리 호흡과 뿌리의 양·수분 흡수에 관여하는 매우 중요한 요인이므로 통기성을 좋게 하기 위해서는 식물의 특성에 맞는 토양을 선택하거나 적정 비율로 혼합하여 사용하는 것이 좋다.

그림 3-14 | 분갈이를 오랫동안 하지 않아 뿌리가 가득 찬 화분

화분기르기의 경우 일반 토양에 심은 식물을 1~2년간 분갈이 하지 않고 방치하면 물주기와 물빠짐이 문제가 된다.

토양이 식물 뿌리와 밀착되고 토양끼리의 결속력도 강해지면 토양과 화분 사이에 틈이 생기게 된다. 따라서 물주기를 하면 그 사이 공간을 타고 물이 바로 흘러내릴 뿐 물이 토양 내부로 스며들지 않아 식물이 물을 흡수하지 못하는 문제가 발생한다.

3) 토양산도

토양산도란 토양의 산성, 알칼리성을 구분하는 것이다. 토양산도는 양분 흡수에 영향을 미치며 식물 생육에 적합한 산도의 범위는 pH 5.5~7.4이다. 우리나라의 토양은 주로 산성이므로 알칼리성 식물을 재배할 경우에는 석회 등으로 산도를 높여주어야 한다.

표 3-4. 토양산도에 따른 식물의 분류

산도	적합한 식물
산성 pH 5~6	철쭉, 소나무, 자생식물, 베고니아, 아나나스, 아디안텀
약산성 pH 6~7	국화, 장미, 백합 등 다년생초, 알뿌리식물, 페튜니아
약알칼리성 pH 7~8	프리뮬러, 백일홍, 제라니움, 과꽃, 거베라, 마가렛

그림 3-15 | 알칼리성 토양을 좋아하는 제라니움

그림 3-16 | 산성 토양을 좋아하는 철쭉

2 특수토양

실내에서 식물을 재배하는 경우에는 위생적이고 관리가 편리한 특수토양을 사용하는 경우가 많다. 특수토양으로는 바크, 하이드로볼, 질석(버미큘라이트), 펄라이트, 수태, 피트모스 등이 있다. 이들은 대부분 가볍고 물이나 비료를 보유하는 능력이 크며, 물이 잘 빠져 통기성이 좋다. 또한 대부분 고온으로 가공되어 무균 등의 특징이 있으므로 식물에 따라 적정 비율로 혼합하여 사용한다. 그리고 식물생육에 적합하도록 위의 토양을 배합하여 만든 다양한 복합 배양토를 사용하면 편리하게 화분에서 식물을 기를 수 있다.

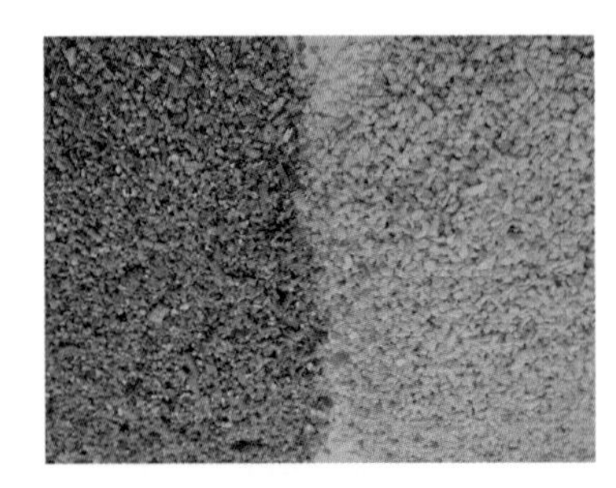

그림 3-17 | 인공토양인 버미큘라이트(좌)와 펄라이트(우)

그림 3-18 | 통기성과 보수성이 뛰어난 양란의 화분재배 시 많이 이용되는 수태를 말려 살균시킨 백태

3 무토양재배 (양액재배, 수경재배)

토양 이외의 여러 가지 매질에서 식물이 필요로 하는 양 · 수분을 인위적으로 공급하여 재배하는 것으로, 현재 장미나 토마토 등의 상업적 생산을 위한 농가에서 많이 이용하고 있다. 가정에서도 양분이 함유된 배양토가 담긴 비닐백을 이용하여 간단히 식물을 재배하는 것이 가능하다.

그림 3-19 | 가정에서 간단하게 화분없이 다양한 채소를 기를 수 있다.

비료

1 무기질비료

화학비료라고도 하며 대개 효과가 빨리 나타나는 속효성(速效性)이고 질소, 인산, 칼륨 및 석회가 단독으로 되어 있는 것과 복합되어 있는 것이 있다. 무기질비료를 장기간 사용하면 토양에 염류가 과다하게 축적되어 장애를 일으키거나 토양산성화를 유발할 수도 있다.

일반적으로 식물의 생육에 이용되는 무기이온에는 질소, 인산, 칼륨, 칼슘, 마그네슘, 황 등의 다량원소와 철, 아연, 구리, 망간, 알루미늄, 붕소, 몰리브덴, 규소 등의 미량원소가 있다.

그림 3-20 | 여러 가지 화학비료

1) 무기질비료의 성분

① 질소

식물에 가장 많이 흡수되는 영양소로 식물의 성장에 직접적으로 관련된다. 부족하면 성장이 저해되고 잎이 황색으로 변하며 꽃이 잘 피지 않거나 아주 작게 핀다. 반면 과다할 경우에는 식물이 웃자라고 잎이 비정상적으로 자란다.

② 인산

인산은 꽃이 피고 열매를 맺는 데 직접적으로 관계하며, 부족하면 꽃과 열매가 충실하게 열리지 못한다. 인산질 비료는 보통 식물을 심기 전에 밑거름으로 주는 것이 좋다.

③ 칼륨

칼륨은 식물의 줄기와 가지를 튼튼하게 하고 병해충에 대한 저항력도 높여준다. 부족하면 잎 전체가 황색으로 변하고 식물체의 키도 작아진다.

④ 칼슘

식물의 세포막을 튼튼하게 하여 조직을 강하게 한다.

⑤ 마그네슘

부족하면 엽록소의 형성이 충분하지 않아 오래된 잎이 황색으로 변한다.

⑥ 철분

부족하면 새로 나오는 잎이 백색으로 변하거나 말라 죽는다.

표 3-5. 주요 비료의 효과와 특징

성분	대상 부위	특징	대상 식물
질소	잎	엽록소 구성성분	잎보기식물
인산	꽃, 과실, 종자	단백질 합성	꽃보기식물
칼륨	줄기	수분이동 조절	구근식물, 숙근초화류

2 유기질비료

장기간 지속적인 효과를 주어 지효성(遲效性) 비료라고도 하며, 주로 식물체를 썩힌 식물성비료와 어패류나 동물의 분뇨를 썩힌 동물성비료가 여기에 속한다.

1) 깻묵

깻묵은 질소, 인산, 칼륨을 고르게 함유하고 있는 비료이다. 다만, 완전히 발효가 되지 않은 것을 사용하면 식물의 뿌리에 피해를 주게 되므로 주의해야 한다.

2) 계분

깻묵과 마찬가지로 질소, 인산, 칼륨을 고르게 함유하고 있는 비료이며 잘 마르고 완전히 발효된 것을 사용해야 한다.

3 시판되는 복합비료

하이포넥스(Hyponex), 북살(Wuxal), 비왕 등이 있다. 이중 하이포넥스는 3대 영양소인 질소, 인산, 칼륨이 다양한 비율로 혼합된 것으로, 포장에 적힌 21-17-17 등의 숫자는 총량 중 질소 성분 21%, 인산 성분 17%, 칼륨 성분 17%를 함유하고 있다는 의미이다. 일반적으로 물에 잘 녹으며 3대 영양소 외에 붕소, 몰리브덴, 망간, 구리, 아연 등의 미량원소도 조금 함유되어 있으며 어느 식물에나 사용할 수 있다.

식물 잎의 다양한 모습

- 얇은 잎, 두꺼운 잎, 좁은 잎, 넓은 잎

식물의 영양분은 잎에서 만들어진다. 따라서 대부분의 식물 잎은 햇빛을 잘 받기 위해 넓어야 하고, 가스와 수분을 자유롭게 방출하기 위해 얇아야 한다. 그러나 잎은 환경에 따라 각기 다른 모습을 하고 있다.

고온다습한 열대우림에서는 넓고 얇은 잎이 이상적이며, 건조하고 추운 곳의 얇은 잎은 생육에 매우 취약하다. 따라서 추운 곳의 잎은 가을이 되면 활동을 멈추고 낙엽이 되거나, 침엽수와 같이 몸을 작게 하여 겨울을 난다.

알로에 같이 사막지대의 건조한 곳에서 자라는 식물은 잎에 충분한 물을 저장하거나, 표면을 통한 수분 증발을 최소화하고 줄기에 물을 저장하여 높은 열기 속에서도 살 수 있다.

선인장과 같은 식물은 수분을 노리는 초식동물의 접근을 막기 위해 가시가 무수히 돋아나기도 한다.

알로에

원예이야기

동백은 어디에 심을까?

중부지방에 사는 사람들은 동백나무나 무늬식나무를 화분식물로 생각한다. 그러나 목포나 부산, 제주도와 같이 따뜻한 남부지방에서는 동백나무가 정원에 심겨 있는 것을 흔히 볼 수 있다.

우리나라는 작은 국토면적에 비해서 기후대에 따라 다양한 식생분포가 나타나는데, 일반적으로 대전을 경계로 이남에는 대나무와 동백과 같은 상록활엽수가 자생하거나 혹은 많이 심겨 있다. 따라서 중부지방에 거주하는 사람이 겨울철에 남부지방을 여행하면 다양한 상록성 식물들이 있는 것에 놀라게 되고, 반대로 남부지방에 거주하는 사람이 중부지방을 여행하면 산이며 정원이 온통 낙엽성 나무들의 앙상한 모습에 익숙하지 않음을 느낄 것이다.

하지만 그렇다고 해서 중부지방이 무조건 손해만 보는 것은 아니다. 가령 도심지의 가을 단풍은 남부지방의 경우 완만한 기온 강하로 인해 그다지 아름답지 않다.

남부지방의 정원에서 흔히 볼 수 있는 상록성 꽃보기나무로는 동백나무, 애기동백, 서향, 백서향, 금목서, 협죽도(유도화)가 있고, 잎보기나무로는 무늬식나무, 광나무, 당종려, 태산목, 후박나무 등이 있다.

동백과 애기동백의 구별

원예종 동백의 꽃

무늬식나무

서향

협죽도

태산목

후박나무

당종려

원예식물의 번식

대부분의 원예식물은 고등식물로서 암수의 수정에 의해 만들어진 종자로 번식되는데, 이러한 유성번식(有性繁殖)은 단시간에 대량으로 번식시킬 수 있으나 유전적으로 변이가 나타난다. 한편, 고등동물과는 달리 고등식물의 세포는 전체형성능(全體形成能)이 있어서 식물체 일부의 기관이나 조직, 세포로 전체의 식물체가 될 수 있는데, 이것을 이용한 번식방법을 영양번식(營養繁殖) 또는 무성번식(無性繁殖)이라고 한다.

종자번식

고등식물에서 꽃이 핀 후 수정을 통해 생긴 완전한 식물체를 종자라 하고, 종자를 이용하여 개체를 증식하는 방법을 종자번식이라 한다. 종자번식은 단시간에 많은 양의 식물체 생산이 가능하고, 교배에 의해 변이종이나 새로운 식물체를 만들 수 있는 장점이 있으나 유전적인 변이가 발생하는 단점도 있다. 종자의 수명은 보통 1~2년으로 소형종자는 대형종자에 비해 수명이 짧은 편이다.

그림 4-1 | 잡종식물의 경우에는 같은 양친으로부터 나왔다 하더라도 꽃색이나 모양이 다른 경우가 많다.

1 수분(授粉 : pollination)

꽃가루가 암술머리에 닿는 과정으로 스스로 수분을 하는 경우와 수분매개체를 필요로 하는 경우가 있다.

2 수분매개체

식물의 종류에 따라 다르며 크게 풍매화, 충매화, 조매화로 나눈다.

그림 4-2 | 바람에 의해 수분이 되는 소나무의 수꽃과 암꽃. 5월이 되면 소나무가 많은 산에서는 노란 꽃가루가 날리면서 수분이 이루어진다.

1) 풍매화(風媒花)

소나무, 버드나무, 참나무와 같이 꽃의 구조가 간단하고 꽃가루를 많이 만들어 내는 종류에서 이루어지는 수분 방법이다. 소나무의 꽃가루는 바람에 잘 날릴 수 있는 구조를 가지고 있다.

2) 충매화(蟲媒花)

충매화는 그 특정 매개곤충에 알맞은 특징을 갖고 있는데 꽃가루가 곤충에게 잘 붙을 수 있도록 꽃가루에 돌기 같은 것이 있는 경우가 있다.

그림 4-3 | 제주도에 자생하는 금새우란의 화분덩이가 벌의 머리에 부착되어 있다.

3) 조매화(鳥媒花)

새에 의해 수분이 되는 꽃은 보통 멀리서도 알아볼 수 있는 붉은색으로 새가 먹을 수 있는 꿀을 분비한다.

3 수정(受精 : fertilization)

꽃가루의 정핵과 암술의 난핵이 결합되는 과정으로 한 꽃 안에서 수정이 이루어지는 자가수정(自家受精)과 다른 꽃의 꽃가루로 수정이 이루어지는 타가수정(他家受精)이 있다. 타가수정을 하는 꽃들은 암술과 수술이 서로 맞지 않는 자가불화합성(自家不和合性) 때문에 다른 꽃의 암술과 수술이 결합하는 것이다.

그림 4-4 | 자가불화합성이 강한 배나무는 주변에 다른 나무들이 많이 있어야만 열매가 잘 열린다.

여러 환경조건에서 살아남기 위해서는 자가수정보다 타가수정을 하는 것이 이롭다. 그 이유는 다른 꽃끼리 서로 만나게 됨으로써 각자가 가지고 있는 서로 다른 유전인자가 조합되어 환경 변화에 적응할 수 있는 새로운 유전자들을 많이 가질 수 있기 때문이다.

4 종자의 휴면

씨뿌리기를 한 종자가 싹트기 위해서는 적절한 환경 조건과 종자 내부의 생리적 조건이 충족되어야 한다.

광, 온도, 수분 등의 환경 조건이 적당하지 않을 경우 식물은 위험을 느끼고 세포 안의 수분 함량을 가능한 감소시켜 대사작용을 억제하는 등 체내에서 스스로 싹이 트지 않는 조건으로 유도하여 생명을 계속 유지하는데 이때 식물의 상태를 휴면이라 한다.

휴면 기간은 작물의 종류와 품종에 따라서 크게 다르다. 구근류의 경우 약 30~45일, 꽃나무의 경우 30~50일, 감자는 수일에서 5개월 그리고 종자 껍질이 딱딱한 종자는 수개월에서 수십 년에 이른다. 보통 적당한 수분, 온도, 광, 산소 조건이 주어지면 종자는 다시 발아를 시작한다.

1) 휴면의 원인

호두나 잣, 밤 등 껍질이 단단한 견과류의 종자는 물이 잘 흡수되지 못해 오랫동안 발아하지 않는 경우에 휴면에 들어간다.

등나무와 같은 콩과식물의 경우 종자 껍질이 산소의 이동을 막기 때문에 산소의 흡수가 저해되고, 결국 이산화탄소가 축적되어 발아하지 못하고 휴면한다. 또한 종자 안에 있는 배가 형태적, 생리적으로 미숙하여 발아하지 못하는 경우도 휴면의 원인 중 하나이다. 미나리아제비과나 장미과 식물 등이 이에 해당된다.

종자껍질에 싹이 트는 것을 억제하는 물질이 있어 발아하지 않는 경우도 있다. 그것은 휴면에 관련된 호르몬의 일종으로 추정하며 그 예로는 꽃사과나무나 꽃복숭아 등이 있다. 일반적으로 온대산 나무의 종자는 1년 이상 땅속에서 겨울철의 저온을 받아야만 싹이 튼다.

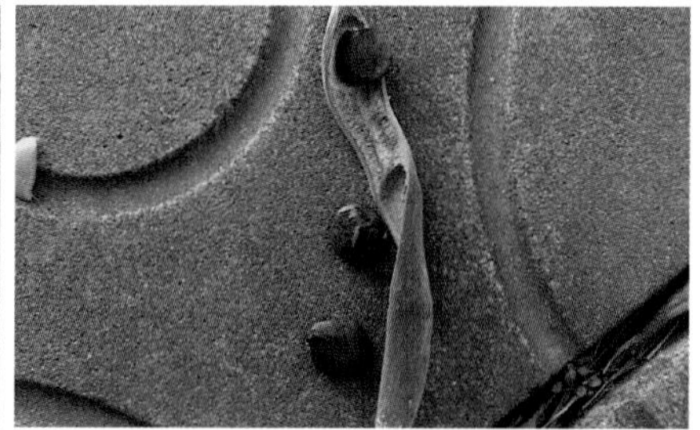

그림 4-5 | 콩과식물인 등나무의 종자 껍질은 무척 단단하다.

2) 종자의 휴면타파

자연상태에서는 사계절을 통한 기온의 변화나 땅이 얼었다가 녹는 과정, 산불, 토양미생물의 활동, 동물이 섭취했다가 배출하는 과정 등의 방법을 이용하여 종자는 잠에서 깨어나 싹을 틔운다. 휴면의 타파는 자연적으로 수년이 걸리는 경우도 있지만 쉬운 방법도 있다.

단단한 종자의 경우 파종하기 전 종자 껍질에 상처를 입히는 등 여러 방법을 이용한다. 그중 기계적인 방법은 종자를 서로 부딪히거나 마찰하여 종자 껍질에 손상을 입히는 것이다.

물리적으로는 뜨거운 물에 담그는 방법이 있다. 또한 황산 등의 화학약품을 처리하여 껍질을 녹이는 화학적 방법을 사용하기도 한다.

종자의 껍질에 발아를 억제하는 물질이 있는 경우는 황산이나 지베렐린, 시토키닌 등 휴면을 타파하는 식물호르몬(plant hormone)을 처리한다. 그 밖에 배의 미숙으로 인한 휴면은 저온에서 일정기간 저장하는 방법을 이용하는 것이 좋다.

식물호르몬

동물과 마찬가지로 식물의 특정 부위에서 생성되어 다른 기관이나 조직의 생장 및 발육을 조절하는 물질을 말한다.

대표적으로 옥신(auxin)과 지베렐린(gibberellin), 시토키닌(cytokinin), 아브시스산(abscisic acid), 에틸렌(ethylene) 등이 있다.

5 발아 조건

1) 수분

종자는 적당한 수분을 흡수한 후 발아 활동을 시작한다. 단단한 종자와 콩과식물의 경우 습한 조건에서 싹이 잘 나므로 씨뿌리기 전 하룻밤 동안 물에 담가 두는 것이 바람직하다.

2) 온도

일반적으로 온대원산 식물의 종자는 20℃, 열대원산 식물의 종자는 30℃ 전후가 적당하다.

3) 빛

대부분의 초본류는 빛을 좋아하는 종자이므로 빛이 있어야 싹이 트는데 일부 종자는 빛이 없는 어두운 조건에서 싹이 트는 특성이 있다. 그 예로는 비름, 맨드라미, 백일홍, 시클라멘이 있다. 그러나 지나치게 강한 빛은 연약한 어린 식물에 피해를 일으킬 수 있으므로 적당한 해가림이 필요하다.

맨드라미

백일홍

그림 4-6 | 종자가 발아할 때 빛을 싫어하는 식물

종자의 세계여행

한 꼬투리 안에 수만에서 수십만 개의 종자가 들어있는 난 종자와 같이 작은 종자도 드물 것이다. 이에 반해 좀 큰 종자에 속하는 것으로는 복숭아 종자나 먹는 밤을 들 수 있다. 그러나 야자나무와 같이 길이가 20cm에 이르는 종자도 있다. 이 두 가지를 비교해보면 난 종자는 엄밀히 말해 완전한 종자가 아니다. 즉, 종자가 싹이 트는 데 필요한 양분인 배유가 없다. 자연상태에서는 난균이라는 것이 난 종자에 기생하여 생육을 촉진시키는 배유의 역할을 하지만 난 종자가 난균을 만날 확률이 적어 자연에 흩어지면 2~3% 정도만이 살아남는다.

그러나 배유가 없어 가벼운 난 종자는 먼지와 같이 바람에 멀리 퍼져 나가며, 심지어 중국에서 우리나라에 이르기까지 종족을 널리 퍼트릴 수 있다. 이에 반해 야자나무 종자는 장거리 여행에 필요한 약 300cc 정도의 양분을 단단한 껍질에 완벽하게 갖추고 있어 먼 여행을 할 수 있다. 그러나 야자나무 종자는 너무 크고 무거워 자연적으로는 난 종자와 같이 멀리 날아갈 수 없고, 바다를 이용할 수밖에 없어 열대지방의 해안지대를 중심으로만 퍼져 있다.

또한, 날개가 하나뿐인 단풍나무 종자는 종자의 무게와 날개의 길이 사이의 균형이 정확하게 맞기 때문에 회전을 한다. 따라서 이 날개는 바람이 불면 작은 헬리콥터와 같이 추진력이 생겨 먼 거리를 여행할 수 있는 구조를 갖추고 있다.

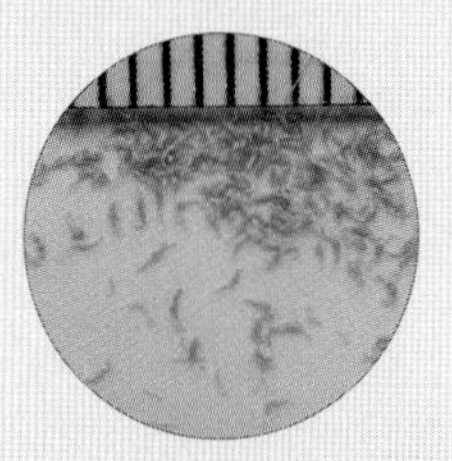
난 종자

야자나무 종자

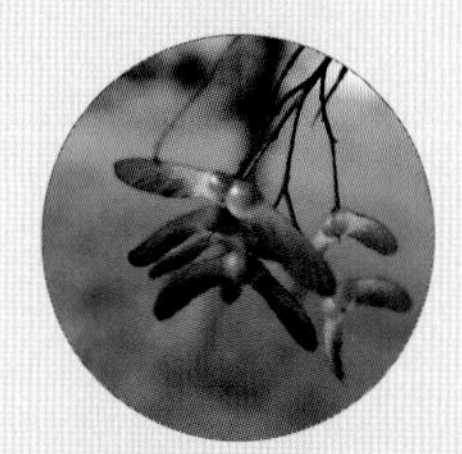
단풍나무 종자

6 파종

1) 파종 시기

봄에는 3월에서 4월, 여름에는 6월에서 7월, 그리고 가을에는 8월에서 9월 사이가 적당하다.

2) 파종 방법

종자의 크기에 따라 다르며, 큰 종자는 한 개씩 간격을 띠어 심는 점뿌리기 방법이 적당하다. 작은 종자는 한 줄로 줄지어 종자를 뿌리는 줄뿌리기나 종자를 토양 위에 고르게 흩어 뿌리는 흩어뿌리기를 한 후 싹이 나오면 적당히 솎아서 모종을 만든다.

3) 파종 용토

종자를 발아시키기 위해서는 충분한 양의 산소를 공급해 주어야 하므로 통기성을 좋게 하기 위해 배양토에 모래나 펄라이트 등의 특수토양을 섞어주는 것이 좋다.

그림 4-7 | 씨앗의 크기에 따른 종자파종의 방법

영양번식

식물체의 잎이나 줄기, 뿌리 등 일부분을 분리하여 그 조직을 완전한 식물체로 길러내는 것을 영양번식이라 하며 꺾꽂이(삽목, 揷木), 접붙이기(접목, 接木), 포기나누기(분주, 分株), 알뿌리나누기(분구, 分球), 휘묻이(취목, 取木) 등이 있다. 영양번식으로 생긴 새로운 식물은 유전적 형질이 모체와 동일하고, 씨를 뿌려 싹을 틔우는 과정이 없기 때문에 종자번식에 비해 꽃이 빨리 피고 열매도 빨리 맺게 된다. 그러나 번식시키는 작업이 다소 번거롭고 한 번에 많은 식물체를 얻기 어렵다.

그림 4-8 호박에 접붙인 오이 모종

1 꺾꽂이(삽목, 揷木)

그림 4-9 | 잎 조직을 조직배양하여 발생된 토마토 유묘

잎이나 줄기, 뿌리 등 식물체의 일부를 잘라 배양토에 꽂은 뒤 절단면이나 혹은 꽂힌 마디에서 새로운 뿌리를 발생시키는 방법이다. 동물과는 달리 식물의 모든 세포는 전체형성능(全體形成能 : totipotency), 즉 하나의 기관이나 조직 또는 세포 하나로도 완전한 식물체로 발달할 수 있는 능력이 있어 가능한 번식방법이다.

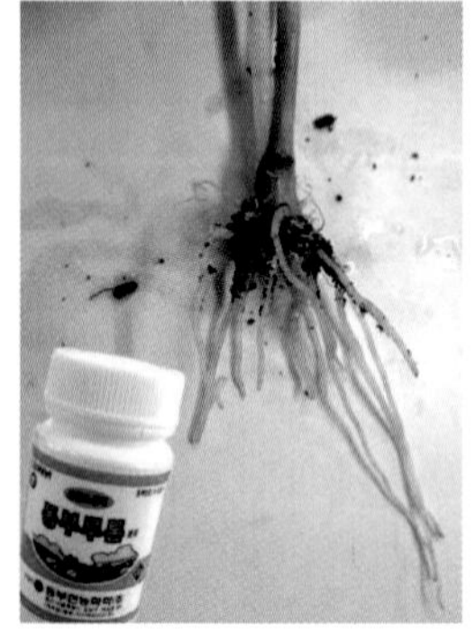

그림 4-10 | 삽목할 때 뿌리 내리는 것을 촉진하는 발근제 루톤

뿌리를 보다 잘 내리게 하는 식물호르몬인 옥신과 살균제가 혼합된 발근촉진제(예를 들어 루톤, Rootone)를 절단면에 묻힌 뒤 토양에 꽂으면 더욱 뿌리내림이 촉진된다.

꺾꽂이는 사용하는 식물체의 부위에 따라 줄기꽂이(경삽, 莖揷), 잎꽂이(엽삽, 葉揷), 뿌리꽂이(근삽, 根揷)으로 나눌 수 있다. 줄기를 포함하는 줄기꽂이는 대부분의 식물에서 가능하고, 잎꽂이와 뿌리꽂이는 일부의 식물에서만 가능하다.

줄기꽂이(경삽)

잎꽂이(엽삽)

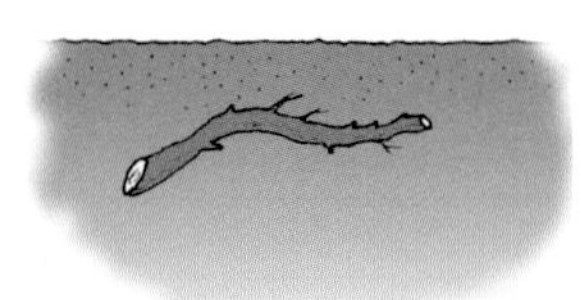

뿌리꽂이(근삽)

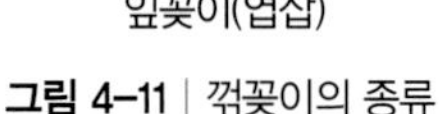

그림 4-11 | 꺾꽂이의 종류

1) 환경

꺾꽂이는 온도가 낮 기온 15~25℃, 밤 기온 15~20℃를 유지하는 것이 좋으므로 시기적으로는 낮길이가 길어지면서 따뜻한 늦봄 이후부터 9월까지 실시하는 것이 좋다.

또한, 잘려진 식물체의 건조를 막기 위해 빛을 차단하여 반음지 상태를 유지하는 것이 좋다. 가정에서 쉽게 할 수 있는 방법은 작은 화분에 심었을 때 젖은 신문지나 비닐, 투명한 PET병을 잘라 식물체 위를 덮어 주는 것이다.

그림 4-12 | 삽목한 후에는 식물체의 건조를 막아 주어야 한다.

뿌리가 내린 뒤에는 양분을 만들기 위해 햇빛이 충분히 들도록 한다. 그리고 뿌리가 내릴 때까지는 잎에서 수분이 빠져나가 시드는 것을 막기 위해 공중습도를 높게 유지하여야 하는데 약 80~90% 정도가 좋다.

그림 4-13 | 꺾꽂이하여 뿌리가 난 모습. 일반적으로 덩굴성 식물은 토양에 붙은 마디에서, 나머지 식물들은 보통 절단면에서 뿌리가 난다(제브리나, 아이비, 후크시아).

2) 종류

① 줄기꽂이

가장 많이 이용하는 방법으로 눈이나 잎이 2~3개 포함된 약 6~7cm 길이의 줄기를 잘라 적당한 온도와 습도조건을 제공하여 새로운 잎과 줄기를 발생시키는 것이다.

1 3~4마디를 포함한 줄기를 자른다.
2 토양에 들어갈 부분의 아랫잎을 제거한다.
3 꺾꽂이할 곳의 토양에 줄기를 꽂는다.
4 손으로 가볍게 눌러주어 줄기 절단면과 토양이 닿도록 한다.
5 물을 충분히 주고 투명한 플라스틱 용기나 비닐 등으로 습기를 유지시켜 준다.
6 한 달 정도 지나면 충분히 뿌리가 나왔으므로 스푼으로 살며시 꺼낸다.
7 준비한 새로운 화분에 심는다.
8 어느 정도 자랐을 때 줄기 끝을 잘라 아담하게 기른다.
9 가을이 되면 꽃이 핀다.

그림 4-14 | 국화의 줄기꽂이

② 잎꽂이

줄기를 제외한 잎과 잎자루를 잘라 배양토에 꽂은 후 뿌리를 내리고 새로운 잎과 줄기를 만드는 방법이다. 선인장과 다육식물 종류는 잎을 모체로부터 떼낸 후 바로 꽂으면 자른 부위가 썩을 우려도 있으므로 약 3~5일 정도 말린 후 꽂는 것이 좋다. 관엽 베고니아나 아프리칸바이올렛, 페페로미아, 산세베리아 등에서 주로 이용하는 번식방법이다.

그림 4-15 | 관엽 베고니아

그림 4-16 | 아프리칸바이올렛

1 잎자루를 포함한 잎을 잘라 재료로 준비한다.
2 화분에 잎자루가 2/3 정도 들어가도록 꽂는다.
3 잎꽂이한 모습
4 3개월 정도가 지나면 절단면에서 뿌리가 나고 새로운 잎이 나온다.
5 새로운 잎이 나온 모습
6 좀 더 자라면 새로운 화분에 심는다.

그림 4-17 | 아프리칸바이올렛의 잎꽂이

1 산세베리아의 잎을 자른다.
2 식물은 극성이 있으므로 위아래를 잘 구별해서 10cm 정도의 크기로 자른다.
3 발근제를 아래쪽 절단면에 처리하면 뿌리를 빨리 내린다.
4 잎꽂이하기 위해 자른 산세베리아의 잎
5 잎꽂이할 화분을 마련하고 물을 충분히 준다.
6 잎꽂이 준비가 완료되었다.
7 자른 잎의 절반 정도가 들어가도록 꽂는다.
8 1주일 정도 투명한 비닐을 씌워 시드는 것을 방지한다.
9 4달 정도가 지나면 절단면에서 뿌리가 나고 새로운 잎이 올라온다.
10 뿌리와 새로운 잎이 다치지 않도록 조심해서 꺼낸다.
11 잎꽂이를 하여 뿌리가 나고 새로운 잎이 나온 모습
12 절단면에서 잎과 뿌리가 나온 것을 볼 수 있다.

그림 4-18 | 산세베리아의 잎꽂이

③ 뿌리꽂이

무궁화나 개나리 등과 같이 뿌리에서 눈이 잘 나오는 식물에 이용하는 방법으로 굵은 뿌리를 5~10cm 길이로 잘라 배양토에 묻어 새싹과 뿌리를 발생시키는 방법이다.

2 포기나누기(분주, 分株)

뿌리에서 눈이 많이 나오는 숙근류나 화목류, 그리고 분화류에서 원줄기 근처의 자연 상태에서 생긴 곁가지와 곁눈을 잘라 나누어 번식하는 방법이다.
난의 경우는 토양 바로 위에 증식된 여러 개의 포기를 뿌리와 함께 잘 분리하여 다른 분에 심어주면 되며 일반적으로 꽃이 진 후에 하는 것이 좋다.
국화의 경우 땅속에 생긴 줄기를 뿌리와 함께 잘라내어 번식시키고, 딸기와 같이 가지가 토양 위로 기어가는 형태로 자라면서 마디마다 새로운 식물체를 만드는 경우는 뿌리도 함께 있으므로 마디마다 나온 어린 식물을 잘라서 옮겨준다.

그림 4-19 | 딸기의 포복경

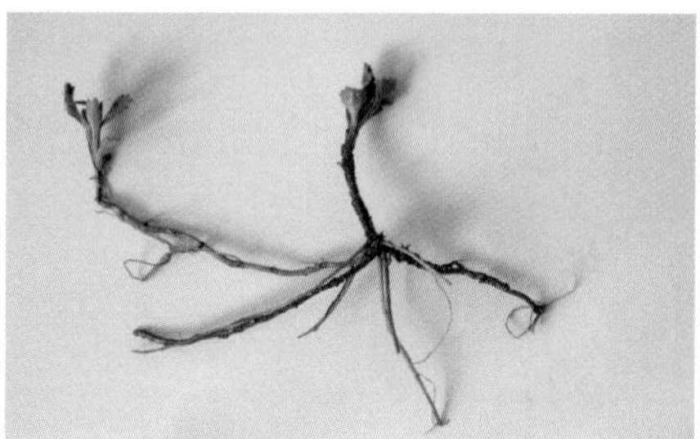

그림 4-20 | 구절초의 동지아

1) 시기

① 늦가을까지 꽃이 피는 식물이나 낙엽성 식물은 4~5월 사이의 봄에 하는 것이 좋다.

② 대부분의 상록성 식물은 6~7월 사이의 여름에 한다.

③ 대부분의 식물은 9~10월 중에 한다.

2) 번식시 주의 사항

① 뿌리를 자를 때 눈만 분리되지 않도록 조심해서 나눈다.

② 실외에 심을 때에는 흙을 다지고 물이 고일 수 있는 웅덩이를 마련한 뒤 물을 충분히 주어 시드는 것을 방지한다.

③ 화분식물의 경우는 실시 후 일주일 정도 음지에 두어 새로운 뿌리가 나오기 전까지 시드는 것을 방지한다.

1 포기나누기 전의 틸란드시아
2 화분에서 꺼낸다.
3 포기를 나눈다.
4 나누어진 포기를 각각의 화분에 심는다.
5 두 개의 화분이 만들어졌다.
6 꽃이 핀 틸란드시아

그림 4-21 | 틸란드시아의 포기나누기

3 알뿌리나누기(분구, 分球)

지하부에 비대한 영양기관이 있는 식물에서 모체 알뿌리(母球) 주변에 생겨난 자식 알뿌리(子球)를 분리해서 번식하는 방법이다.

글라디올러스와 튤립, 수선 등은 해마다 큰 알뿌리 주위로 작은 알뿌리들이 많이 달리게 되므로 이것들을 분리하여 번식시킨다. 칸나는 눈을 가진 뿌리줄기를 잘라 번식시키며 눈을 한두 개씩 붙여 잘라 심어야 한다.

다알리아는 원줄기 주위에 크고 새로운 알뿌리들이 연결되어 증식하며 알뿌리마다 눈을 가지고 있지 않으므로 분구할 때에는 새로운 알뿌리에 모체 줄기의 일부분을 붙여 나눈다. 감자, 구근베고니아 등은 알뿌리가 하나의 덩이뿌리로 해마다 새 눈이 늘어나며 눈을 2~3개 붙여 칼로 나누어 심는다.

그림 4-22 | 글라디올러스의 알뿌리나누기

그림 4-23 | 나리의 알뿌리나누기

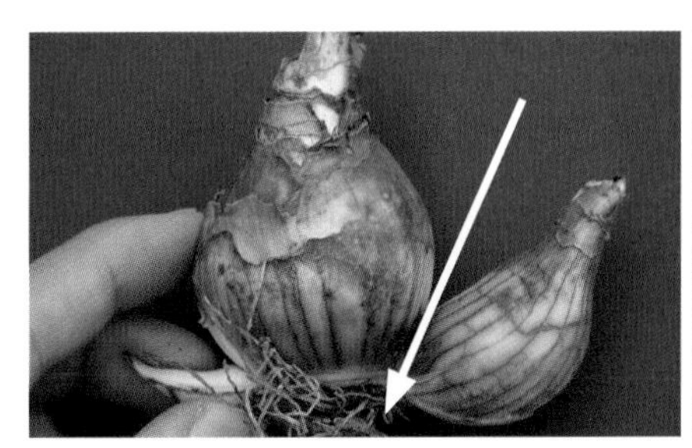

그림 4-24 | 수선화의 알뿌리나누기

그림 4-25 | 칸나의 알뿌리나누기

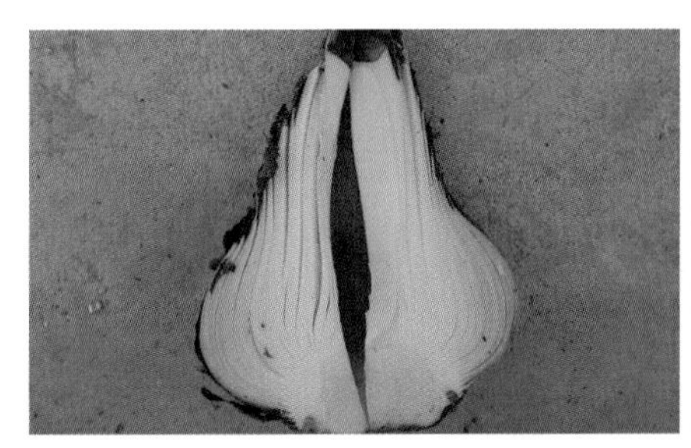

그림 4-26 | 아마릴리스의 알뿌리를 수직으로 자른 뒤 인편 사이에서 눈을 내어 새로운 식물로 번식되었다. (인편번식)

4 휘묻이(취목, 取木)

그림 4-27 | 휘묻이를 이용한 개나리의 번식

모주로부터 가지를 절단하지 않고 흙속이나 공중에서 새로운 뿌리를 발생시킨 후 뿌리가 난 가지를 분리시켜 개체를 얻는 번식법이다. 생활원예에서는 다음과 같은 방법이 쉽게 이용될 수 있다.

1) 단순휘묻이

가지 끝을 땅속에 묻고 선단부가 지상으로 나오게 하여 발근 후 분리하는 방법이다.

2) 파상휘묻이

덩굴성 식물이나 가지가 부드럽고 긴 줄기를 여러 차례 굴곡시켜 지하부에서 발근 후 분리하는 방법이다.

3) 공중휘묻이

나무의 일부 가지에 뿌리를 내어 새로운 개체를 만드는 방법이다. 나무 껍질을 칼로 도려낸 다음 그 부위를 축축한 물이끼로 두툼하게 감싼 후 습도를 유지하기 위해 비닐로 싸매고 이끼가 마르지 않도록 하면 두 달 후쯤 새 뿌리가 내리게 된다.

이러한 과정을 통하여 뿌리가 내린 바로 아래 부분을 잘라 새로운 식물체를 만들어낸다. 주로 고무나무나 크로톤, 드라세나 등과 같은 관엽식물의 번식에 이용된다.

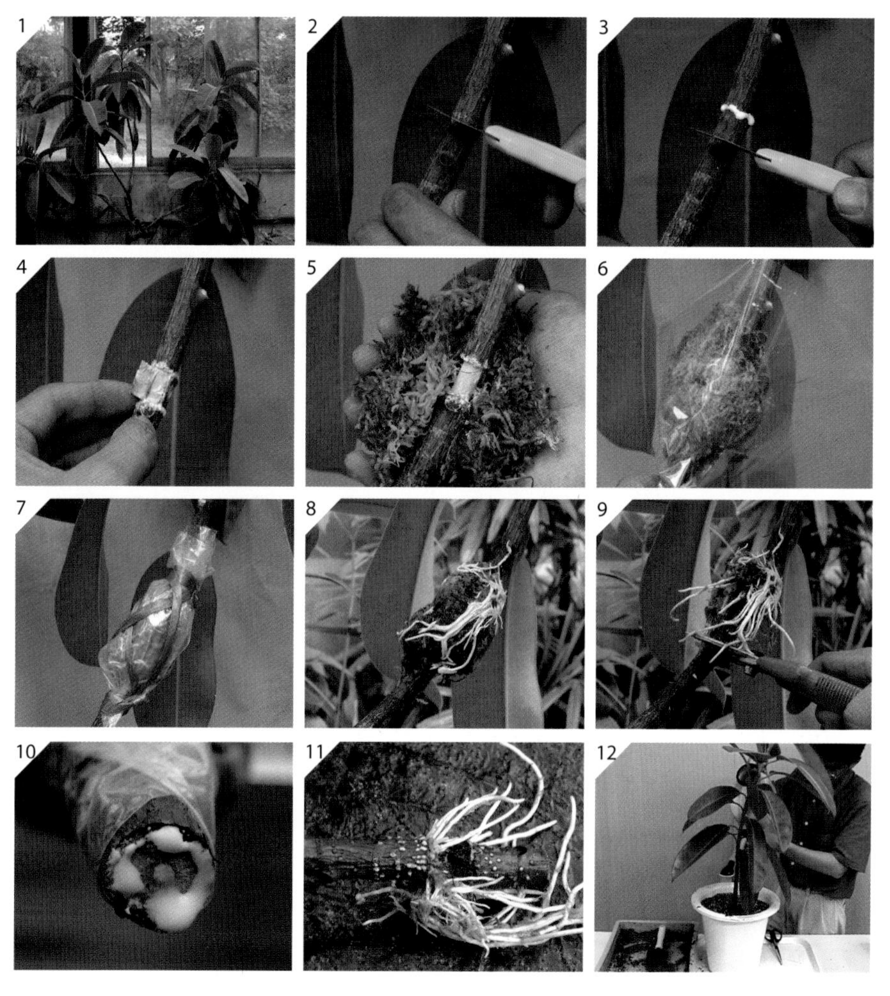

1 인도고무나무를 오래 키우면 밑에 있는 잎이 떨어지고 키가 크면서 보기 흉한 모습이 된다.
2 뿌리로 원하는 부분의 가지를 칼로 얇게 상처낸다.
3 상처를 낸 부위에서 2cm 밑의 가지 표면도 동일한 방법으로 상처낸다.
4 상처낸 가지의 표피를 벗긴다.
5 물을 충분히 머금은 수태로 감싼다.
6 수태가 마르지 않도록 비닐로 감싼다.
7 끈으로 비닐을 묶는다.
8 뿌리가 나오면 비닐을 벗긴다.
9 뿌리가 나온 부위 밑에서 자른다.
10 자를 때 나온 하얀 수액은 물에 담가 씻는다.
11 뿌리 주변의 수태를 제거한다.
12 준비한 화분에 심고 물을 충분히 준다.

그림 4-28 | 인도고무나무의 공중휘묻이

원예이야기

식물의 다양한 모습

소나무(해안가에 자생하는 곰솔)

비스킷같이 생긴 곰솔 잎의 전자현미경 사진입니다. 줄지어 있는 구멍이 기공입니다.

가을을 대표하는 꽃 국화

국화 잎 뒷면의 전자현미경 사진입니다. 표면 위로 안테나같이 생긴 것이 바로 우리가 국화 잎의 뒷면에서 흔히 보는 하얀 솜털입니다.

지금 몇 시인가요?

팬지로 장식한 꽃시계와 시계꽃

담쟁이 덩굴

우리나라에 자생하는 담쟁이덩굴의 덩굴손입니다. 벽에 붙은 덩굴손의 모습이 마치 개구리의 발같군요.

국화과 꽃의 꽃잎은 몇 장일까요?

세지 마세요. 보통 육안으로는 잘 보이지 않으니까요. 정답은 다섯장입니다. 흔히 국화의 꽃이라고 하는 것은 수많은 작은 꽃들로 이루어진 꽃차례(花序)입니다.

이 각각의 작은 꽃들이 필 때 사진처럼 불규칙하게 피면 재미있는 모습이 되지요. 왼쪽의 데이지는 입술같지 않나요? 오른쪽의 해바라기는 수줍은 듯 입을 가리고 웃는 어린이같이 보이지요?

민들레

꿀벌들이 열심히 일한 결과로 민들레는 씨앗을 맺어 멀리 퍼트립니다. 마치 낙하산처럼 말이에요.

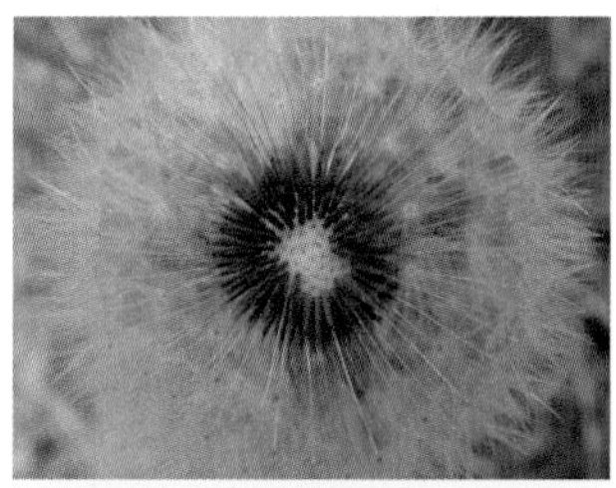

땀흘리는 꽃과 잎

아프리카 봉선화에 물이 묻어 있는 모습이 마치 땀흘리는 것 같군요. 보통 식물의 잎이나 꽃에는 왁스성분 등으로 구성된 큐티클층이 있어서 물이 쉽사리 침투하지 못하고 물의 분자간 장력으로 물방울이 맺히게 됩니다.

장마철과 같이 공중습도가 높은 아침, 저녁에는 식물의 잎이 땀흘리는 것처럼 잎가장자리의 배수조직에 물방울이 고여 있는 경우가 많습니다.

팬지와 함박 웃음

아직 추위가 덜 가신 3월에 대표적으로 봄을 알려주는 꽃이라면 팬지를 들 수 있겠지요. 자세히 보면 어린 아이의 함박 웃음이 떠오르지 않나요?

프리뮬러 꽃방석

팬지와 함께 봄을 알려주는 대표적인 꽃이 프리뮬러입니다. 상추잎처럼 생긴 잎 사이로 귀여운 다섯 장의 꽃이 붙어서 나옵니다. 향기도 무척 좋습니다.

튤립과 튤립나무

봄의 대표적인 구근식물인 튤립과 무척 흡사한 꽃이 5월 큰 나무에 달리는데 이것을 튤립나무라고 합니다. 종이 접기하듯 잎이 벌어지는 모습이 참 재미있군요.

가시로 무장한 식물들

보통 줄기가 뻗어나와 공중에 마치 나비와 같은 어린 식물을 만든다고 해서 접란(蝶蘭) 혹은 클로로피텀(Chlorophytum)이라고 하는 이 식물은 몸 속에 수많은 가시(칼슘옥살레이트라는 결정)를 가지고 있지요.

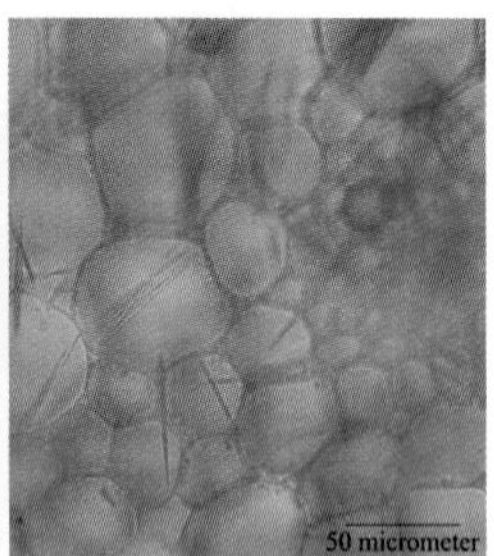

스킨답서스(Epipremnum)라고 하는 이 식물이 속한 천남성과(혹은 토란과) 식물의 잎과 줄기에는 수많은 가시들이 있어서 날로 먹거나 피부에 닿으면 위험합니다. 약간 덜 익은 토란을 먹었을 때 목이 따끔따끔한 것도 그 이유이지요.

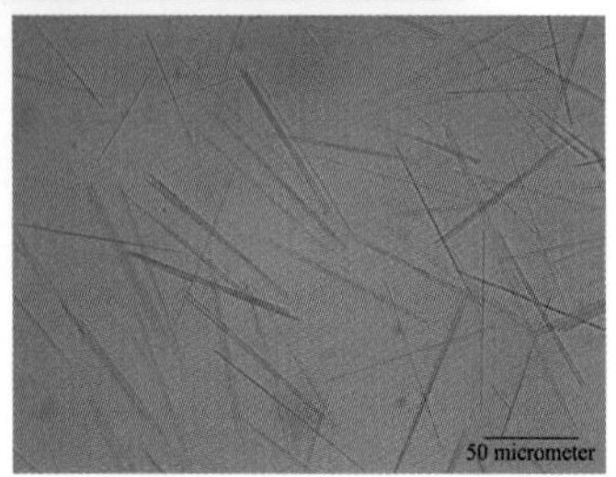

원예식물의 관리

자연 상태의 환경에서 자생하고 있는 식물들과는 달리 원예식물은 인위적인 환경 하에서 자라게 되므로 세심한 관리를 해주어야 한다.
생활원예에 있어서 기본적인 관리 방법으로는 분갈이와 전정, 병해충 방제, 비료주기가 있다.

분갈이

1 목적

화분에 심은 식물이 자라면 뿌리의 부피가 커지고 뿌리를 담고 있는 용기의 토양이 부족해진다. 따라서 토양 내의 양분도 충분하지 못하므로 보다 큰 화분에 옮겨 토양을 보충해 줄 필요가 있다.

또한 오랫동안 화분에 담겨 있는 토양은 단단해져서 뿌리의 생장에 필요한 양분이나 수분, 공기의 공급이 원활하지 못하므로 새로운 흙으로 갈아주는 것이 좋다.

그림 5-1 | 분갈이가 필요한 화분

2 시기

① 화분에 뿌리가 가득 차서 바닥으로 뿌리가 나오거나 아래 잎이 변색될 경우

② 토양 표면으로 뿌리가 심하게 나왔을 때

③ 토양 표면에 이끼, 잡초가 끼어 뿌리의 호흡을 방해할 때

④ 보통 1년에 한 번 봄이나 가을에 꽃이 없는 식물체를 분갈이 하는 것이 좋다.

3 방법

① 기존 화분보다 지름이 3cm 정도 큰 화분과 배양토를 준비한다.

② 화분 가장자리를 가볍게 두드려 흙과 화분 사이를 벌려 준다.

③ 화분의 흙을 뺀 후 뿌리에 붙은 흙을 털어내고 뿌리를 1/3쯤 제거하면서 묵은 뿌리를 정리한다.

④ 큰 화분에 새 흙을 넣고 원래 심겨져 있는 위치까지만 흙을 채운다.

⑤ 분갈이하면서 필요에 따라 포기나누기(분주)나 시비(비료주기), 잡초 제거, 전정(가지치기)도 동시에 실시하면 효과적이다.

4 이후 관리

분갈이에 의해 상한 뿌리털이 재생하도록 며칠 동안 음지의 다습한 지역에 두었다가 원래 두었던 환경으로 옮기는 것이 좋다.

뿌리털

뿌리털(근모, 根毛)은 뿌리의 표피세포 중 일부가 돌출되어 토양 내에서 양분이나 수분을 흡수하는데, 상처에 의해 쉽게 끊어지고 재생된다.

1 준비물 : 꽃이 진 군자란 화분, 배양토, 모종삽, 물주개, 전정가위, 새로운 화분, 화분받침
2 화분의 옆을 가볍게 쳐서 배양토와 화분을 분리시킨 후 꺼낸다.
3 오랫동안 분갈이를 하지 않아 뿌리가 엉켜있다.
4 과도하게 자란 뿌리를 적당하게 자르고 알뿌리 사이를 전정가위로 잘라 포기를 나눈다.
5 새로운 화분에 화분깔개를 넣고 배양토를 반쯤 채운다.
6 포기를 나눈 군자란을 화분에 넣고 배양토를 채운다.
7 물이 화분의 밑 배수구에서 나올 정도로 충분히 준다. 일주일 정도 그늘진 곳에 둔 후 반음지에서 재배한다.
8 꽃이 피기 전후로 비료를 충분히 준다.
9 아름답게 핀 군자란을 감상한다.

그림 5-2 | 군자란의 분갈이

정지와 전정

1 정지(整枝, 가지고르기)

침엽수(향나무, 주목 등)나 산울타리(쥐똥나무, 사철나무), 분재 등에서 원하는 수형을 만들기 위해 불필요한 가지를 자르는 것을 말한다.

2 전정(剪定, 가지치기)

장미나 수국과 같은 화목류나 과수류 등에서 식물이 잘 자라 꽃 피고 열매 맺는 것을 좋게 할 목적으로 불필요한 가지를 자르는 것을 말한다.

이밖에도 전체 잎이 골고루 빛을 받고 통풍을 좋게 함으로써 병해충의 발생을 감소시키기 위한 목적도 있다. 열매를 따거나 살충제를 뿌리는 등 관리를 편리하게 할 목적으로 키를 낮추고 생장을 억제하기 위한 전정을 하기도 한다.

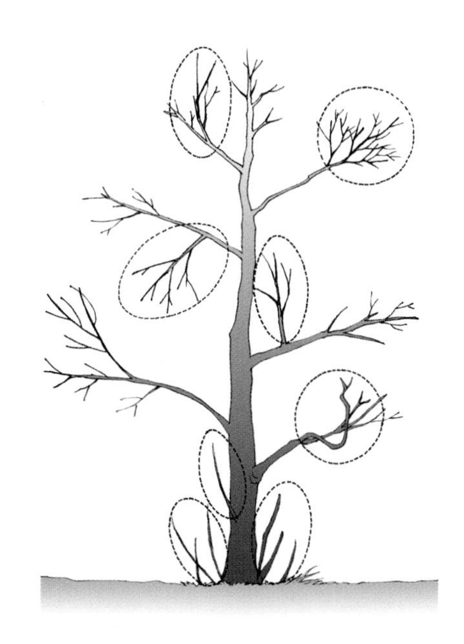

그림 5-3 | 전정을 해주어야 하는 가지

3 전정이 필요한 가지

말라 죽거나 병해충의 피해를 입은 가지, 통풍 · 채광 · 사람의 통행을 방해하는 가지, 수형이나 생육상 불필요한 가지를 잘라 준다.

4 방법

정지와 전정을 위해서는 대상 식물의 꽃피는 습성과 열매가 열리는 습성 등을 충분히 파악해야 한다.

1) 산울타리

먼저 불필요하게 웃자란 가지를 잘라낸 후 일정한 폭을 정해서 양면을 베어내고 마지막으로 윗부분을 가지런히 잘라 준다.
한 번에 자른다는 생각은 버리고 여러 번 깎아서 서서히 형태를 만들어 간다.

2) 장미

정원에서 기르는 장미의 경우 겨울철에 전정한다. 건강한 새로운 가지가 빛을 골고루 충분히 받을 수 있도록 오래된 가지, 안쪽으로 향한 가지, 무성한 가지 등을 대상으로 잘라낸다.

3) 분화

국화나 카네이션은 아담한 모양으로 기르기 위해 꽃눈을 따주거나 가장 윗부분을 잘라주는 적심(摘心, 순지르기)을 이용한다. 즉 줄기 끝의 생장점을 제거하여 꽃 피는 시기나 꽃 수를 조절하고 꽃봉오리를 잘라내어 꽃 크기를 조절한다.

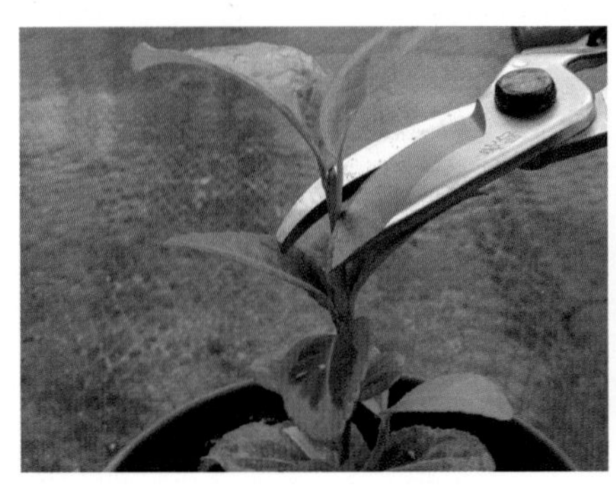

그림 5-4 | 무늬 사철나무의 적심

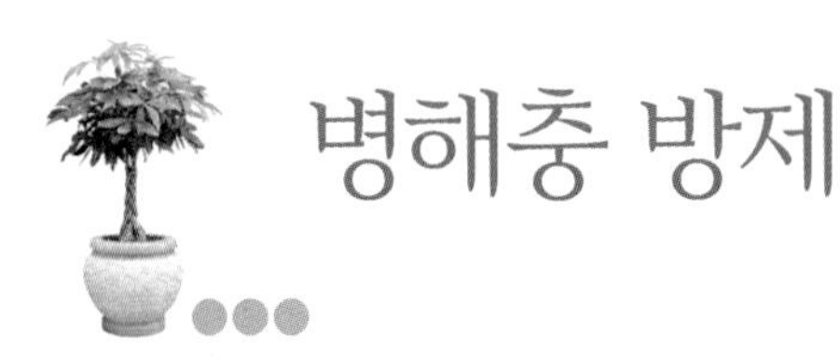

병해충 방제

병해충은 발생하지 않도록 미리 막아주는 것이 가장 좋은 방법이다. 따라서 식물의 잎과 가지를 자주 관찰하고 환경을 쾌적하게 만들어주는 것만으로도 병해충 방제에 큰 도움이 된다. 그러나 식물은 저마다 요구하는 생육 환경이 다르므로 조건이 충족되지 않고 건조, 과습, 통풍불량, 일광부족 등으로 스트레스를 받으면 허약해진다. 결국 병해충에 대한 저항력이 떨어져 병이 발생하게 되는 경우가 가장 많기 때문에 피해를 예방하기 위해서는 무엇보다 식물체를 튼튼하게 기르는 것이 중요하다.
병이 발생했을 경우에는 병을 진단하여 정확한 원인을 알아내고 적절한 치료를 하면 감염이나 더 큰 피해를 줄일 수 있다.

그림 5-5 | 수분 부족에 의한 진딧물의 발생

1 비생물적 원인에 의한 피해

직사광선을 받았거나 지나치게 빛이 부족한 환경에서 재배하는 경우 잎이 타거나 꽃색이 퇴색하고 식물체가 약하게 웃자라는 생장장애가 나타난다.
온도조건도 중요하다. 극단적인 고온에서는 식물의 호흡량이 많아져 체내에 모아두었던 영양분을 빨리 소모하게 되고 또한 식물체 내의 수분도 밖으로 빠져나와 결국 죽게 된다.

저온에 의해서는 그 정도에 따라 다양한 증상이 나타나며 매우 낮은 온도에서는 식물조직이 얼어 죽기도 한다. 물을 줄 때의 수온도 중요하여 특히 겨울철 아프리칸바이올렛에 차가운 물을 주게 되면 잎에 얼룩이 생겨 미관상 아름답지 못하게 된다.

이러한 부적절한 빛이나 온도, 수분에 의한 식물의 피해를 비생물적 피해라고 한다. 또 다른 원인으로는 일산화탄소, 이산화황, 벤젠 등 각종 오염물질에 의해 잎에 반점이 생기고 가장자리가 타는 등의 피해 증상이 나타날 수 있다. 그 밖에 영양부족, 토양조건 등이 부적당할 때에도 피해를 입게 된다.

그림 5-6 | 겨울철 차가운 물을 주어 얼룩진 아프리칸바이올렛의 잎

2 병해

1) 바이러스병

바이러스병은 감염된 식물체에서 사용한 도구나 감염된 식물체와의 접촉을 통해 나타난다. 일반적으로 건조한 시기에 다년생 알뿌리식물(아마릴리스, 나리 등)이나 난과식물에서 많이 발생한다.

증상은 식물체가 기형이 되고 모자이크나 둥근 모양의 반점 혹은 줄무늬가 나타난다. 바이러스병에 감염되면 확실히 방제하는 대책이 없고 단지 더 이상의 진전을 막기 위해 피해 입은 잎을 손으로 제거하거나 심한 경우 다른 식물에 감염되지 않도록 식물체 전체를 태워버리는 것이 좋다.

2) 세균병

세균병은 주로 습할 때 발생하며 대체로 식물체가 약해지고 물러지는 증상이 나타난다. 바이러스병과 마찬가지로 치유하기 쉽지 않다.

3) 곰팡이병

주로 온도가 높고 습할 때 발병하며 눈에 띄지 않는 포자로 번식하기 때문에 육안으로 보이는 것보다 훨씬 많은 감염이 되었다고 볼 수 있다.

잿빛곰팡이병, 적성병(赤星病, 붉은별무늬병), 흑반병(黑斑病), 백분병(白粉病, 흰가루병) 등이 있으며 방제를 위해서는 다이센 500배액을 뿌려준다. 장미과 나무의 경우 특히 적성병과 흑반병에 자주 감염된다.

약액 희석 농도

병해충의 약제는 사용하는 농도보다 농축되어 있으므로 물로 희석해서 사용한다. 예를 들어 500배액이라 함은 약제 1mL와 물 499mL를 섞어 사용하는 것을 말한다. 일반적으로 약제가 식물이나 해충에 잘 침투하도록 전착제(展着劑)를 함께 섞는 것이 좋다.

바이러스병

탄저병

흰가루병

그림 5-7 | 원예식물의 주요 병

3 해충

모든 식물의 병도 마찬가지이나 해충은 가능한 빨리 발견해서 그 피해가 식물체 전체로 퍼져나가는 것을 막아야 한다. 큰 벌레는 쉽게 찾아낼 수 있으므로 핀셋 등으로 제거하고, 대량 발생했을 때나 크기가 작은 벌레의 경우에는 일일이 잡는 것이 어렵기 때문에 농약을 살포해야 한다.

대부분의 해충은 다소 건조할 때 많이 발생하며 식물에 해를 주는 해충으로는 진딧물, 깍지벌레(개각충), 응애, 민달팽이 등이 있다. 방제에는 보통 수프라사이드나 메타시스톡스 500~1000배액을 살포한다.

1) 진딧물

진딧물은 느리게 움직이는 곤충으로 크기는 1~2mm 정도이고 성충은 날개가 있어 다른 식물로 이동이 가능하다.

보통 어린 잎의 즙액을 좋아하여 새싹이나 꽃봉오리의 잎 뒤에 숨어 즙액을 빨아먹고 잎을 쭈글쭈글하게 하거나 말리게 하여 식물을 기형으로 만든다. 또한 진딧물은 꿀물과 같은 끈끈한 액체를 배설한다. 이 액체에서 갈색의 곰팡이가 증식하거나 개미를 유인하는 등 부수적인 또 다른 병을 유발해 더 큰 피해를 입히게 된다.

진딧물은 고온 건조한 환경에서 잘 생기므로 식물체를 더운 장소에 두거나 화분을 너무 건조하게 만들지 않으면 어느 정도 예방할 수 있다.

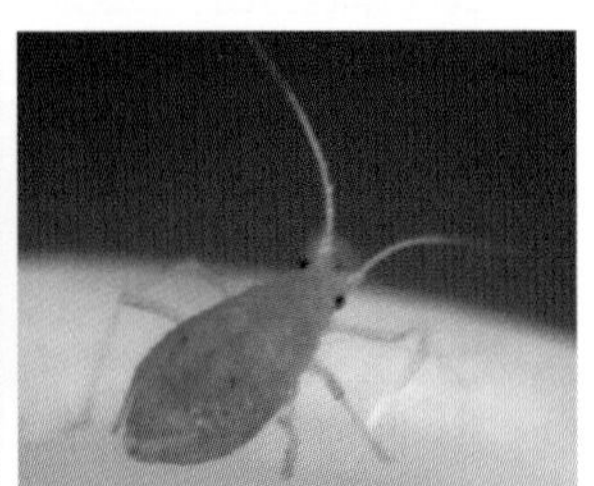

그림 5-8 | 원예식물에서 가장 많이 발생하는 진딧물

2) 깍지벌레

깍지벌레는 식물체의 잎이나 줄기에 붙어 즙액을 빨아먹는 해충이다. 모양은 동그란 깍지처럼 생겼으며 크기는 2~3mm 정도로 갈색 또는 우유빛을 띠고 있다. 깍지벌레의 종류 중에는 작은 솜덩어리처럼 생겨 벌레가 아닌 것으로 착각하기 쉬운 종류도 있다.

발생 정도가 적을 경우에는 일일이 손으로 잡거나 눌러서 방제할 수 있으나 발생 정도가 심하면 살충제를 이용한다. 유충까지 완전히 박멸하기 위해서는 3일 간격으로 3회 이상 살충제를 뿌려주어야 한다. 방제 후에도 죽은 깍지벌레는 잎에 그대로 붙어 있으므로 휴지 등으로 닦아 준다.

소철 잎의 뒷면

호랑가시나무의 잎

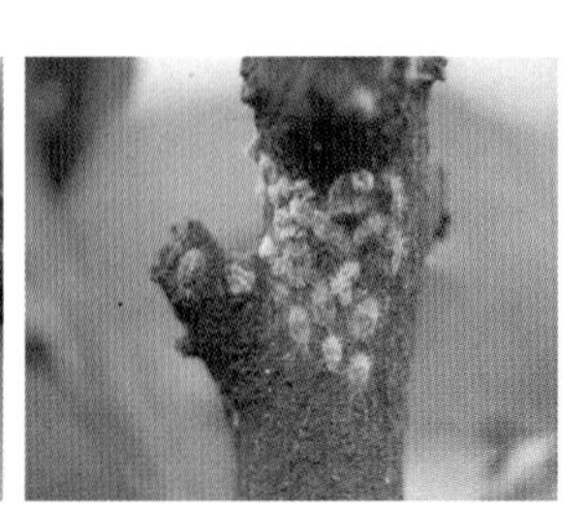
죽은 깍지벌레

그림 5-9 | 깍지벌레에 의한 피해

3) 민달팽이

부드러운 어린 식물이나 꽃잎을 갉아 먹어 피해를 준다. 보통 낮에는 화분 밑이나 습한 곳에 있다가 주로 밤에 활동하는데 지나간 자리에 점액질이 묻어 있는 특징이 있다. 시판하는 먹이용 약제나 고구마나 오이 등으로 유인하여 밤에 잡는 방법이 있다.

그림 5-10 | 민달팽이 피해를 입은 심비디움 꽃

4) 온실가루이

주로 잎의 뒷면에 붙어서 즙액을 빨아먹는 백색의 작은 나방으로 white fly라고도 한다. 배설물로 인해 그을음병이 나타나기도 하며 번식력이 매우 강해 완전히 구제하기는 어렵다.

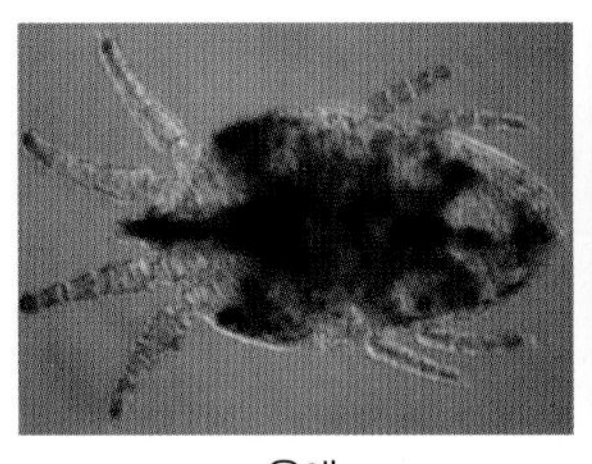

응애

온실가루이

민달팽이

그림 5-11 | 원예식물의 기타 해충

4 병해충 방제

1) 재배적 방제

병이나 해충에 강한 품종을 선택해서 기르거나 발병의 원인을 확실히 파악하여 광 및 온도, 습도 등의 환경을 적절하게 조절하여 병을 예방하는 방법이다.

2) 물리적 방제

종자나 알뿌리를 뜨거운 물에 소독하여 바이러스나 선충 등을 방제하거나 토양을 소독하여 토양 내의 해충 등을 제거하는 방법이 있다. 생활에서의 쉬운 방제법은 물주기나 공중습도를 조절하여 해충이나 곰팡이를 미리 예방하는 것이다.

3) 화학적 방제

적용 대상에 따라 살균제와 살충제를 이용할 수 있다. 살균제는 세균과 곰팡이를 예방 또는 방제하는 약제이고, 살충제는 해충을 방제하는 것으로 용기에 쓰여진 사용 방법에 따라 최소한으로 이용한다.

비료주기

그림 5-12 | 화학비료는 사용량에 주의하여야 한다.

모든 원예식물의 정상적인 성장을 위해서는 비료가 필요하다. 일반적으로 식물은 자연상태의 흙에서는 비료가 충분하지 않으므로 인위적으로 비료를 주어야 한다.

그러나 무조건 비료를 많이 준다고 해서 식물이 잘 자라나는 것은 아니다. 오히려 부적절한 비료로 인해 잎이 상하거나 꽃이 피지 않는 경우도 있으므로 그 식물에 필요한 비료의 종류와 주는 방법, 시기 등을 잘 선택하여야 한다.

비료는 화학 비료와 유기질 비료의 두 가지로 나눌 수 있다. 화학 비료는 바로 효과가 나타나기 때문에 토양표면에 뿌려 주는 웃거름으로 사용하는 것이 좋다.

반면 유기질 비료는 장기간 지속적인 효과를 나타내기 때문에 식물을 심기 전에 뿌리 아래의 흙에 섞어서 밑거름으로 주는 것이 효과적이다.

그림 5-13 | 밑거름을 충분히 준 페튜니아(왼쪽)와 그렇지 않은 페튜니아(오른쪽)

1 비료를 주는 방법

일반적으로 식물의 생육단계와 종류에 따라 비료의 종류나 사용량이 달라진다. 생육초기나 식물이 왕성하게 생장할 때에는 질소질 비료를 많이 필요로 하고, 뿌리 활동이 정지된 저온기에는 비료를 주지 않는 것이 바람직하다.

비료를 주는 방법으로는 토양에 섞어 주는 방법인 웃거름주기와 밑거름주기, 뿌리의 상태가 좋지 않을 경우 응급처치의 방법으로 하이포넥스와 같은 시판의 액체비료를 분무기로 잎과 줄기 부위에 뿌려주는 엽면시비(葉面施肥) 방법이 있다.

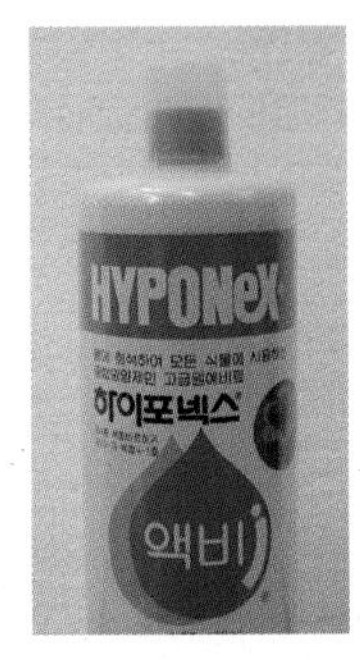

그림 5-14 | 시판 중인 액체비료 하이포넥스

2 비료를 주는 시기

비료는 식물이 왕성한 생육을 하고 있는 동안에 주는 것이 가장 효과적이다. 따라서 겨울에는 생장하고 있는 몇몇 열대성 실내식물을 제외하고는 비료를 주지 않아도 된다.

영양번식을 했거나 분갈이를 한 경우에는 새로운 뿌리가 자라나기 시작한 후 거름을 주어야 한다. 빛이나 온도, 환기 등 환경 조건이 좋지 않을 경우 비료를 지나치게 많이 주면 역효과가 나타날 수 있다.

표 5-1. 비료 요구도에 따른 식물의 분류

구분	비료의 요구도		
	상	중	하
식물의 종류	장미, 국화, 백합, 튤립, 카네이션, 수국, 제라니움, 베고니아, 제라늄, 오이, 토마토, 페튜니아	거베라, 안스리움, 채송화, 시클라멘	철쭉류, 고사리류, 다육식물류, 아나나스류, 산세베리아 등 선인장류, 관엽식물류

어떻게 하면 진딧물을 깨끗이 제거할 수 있을까?

- 곤충과 곰팡이류가 좋아하는 환경은?

무궁화는 한여름 화려한 꽃을 피워 나라꽃으로 손색이 없다. 그러나 6월 초여름에는 새 가지가 어느새 검은 진딧물에 에워 쌓여 있는 것을 보게 된다. 무궁화에 피해를 주는 검은색의 진딧물은 목화진딧물이다.

무궁화

진딧물은 봄과 가을에 크게 번식하고 더운 여름에는 감소한다. 따라서 진딧물의 발생 시기인 4월 말~5월 초 또는 9월 중순~10월 상순경에 살충제를 뿌려주면 깨끗하고 화려한 무궁화의 모습을 볼 수 있다.

일반적으로 목화진딧물을 비롯한 식물의 즙을 먹고 사는 흡즙성 곤충은 습한 환경을 좋아하지 않는다. 흡즙성 곤충은 즙을 빨아 영양이 되는 아미노산은 취하고 필요 이상의 당은 체외로 배출한다. 그러나 습한 환경에서는 이러한 기작이 원할하지 못하고, 습한 조건에서 많이 발생하는 곰팡이 균사가 곤충의 껍질을 뚫고 들어와 죽게 되는 것이다.

최근 산에 나무가 많아지면서 솔나방이 많이 감소되었는데 이것 역시 우거진 산림의 습도가 곤충의 발생을 억제했기 때문이다. 따라서 무궁화의 진딧물도 적절히 물을 뿌려 습도를 조절하면 억제 효과가 있다.

장마와 같이 습한 환경에서는 곤충류의 발생이 감소하지만 곰팡이와 균류의 발생은 활발해진다. 따라서 건조할 때는 살충제를, 습할 때는 살균제를 준비해야 한다.

원 예 이 야 기

우리에게 친근한 식물 I

가지과(Solanaceae)

우리 생활에서 다양하게 이용되는 친근한 식물들로 주로 초본류이다. 꽃잎은 다섯 장으로 붙어 있다. 대표적인 식물로는 담배, 꽈리, 페튜니아, 고추, 가지, 피망, 감자 등이 있다.

담배 꽈리 페튜니아 감자꽃

고추 가지꽃 피망 감자

장미과(Rosaceae)

우리가 먹는 많은 과일 나무와 일제히 꽃을 피워 아름다운 화목류가 이에 속한다. 꽃잎은 다섯 장으로 떨어져 있다. 대표적인 식물로는 과수류의 배나 복숭아, 사과 등이 있고 화목류로는 매화나무, 산사나무, 살구나무, 왕벚나무, 장미, 찔레나무가 있다.

배나무 복숭아나무 매화나무 산사나무

살구나무 왕벚나무 장미 찔레나무

식물로 실내 꾸미기

현대인들은 생활의 많은 시간을 콘크리트로 둘러싸인 제한된 실내공간에서 보내게 되는데, 이러한 실내를 식물을 이용하여 부드럽게 함으로써 미적 만족과 함께 정서적인 안정감을 얻을 수 있다.

식물로 실내를 꾸미는 대표적인 방법으로는 물가꾸기와 공중걸이, 테라리움, 베란다 원예, 디시가든 등이 있다.

식물을 이용한 실내장식

식물은 실내를 장식할 수 있는 살아있는 소재이므로 식물을 선택하여 배치하기 전에 실내의 환경조건을 미리 알아보고 잘 자랄 수 있는 장소를 찾아주는 것이 중요하다. 아파트의 경우 베란다가 가장 적절한 장소이지만 비교적 빛이 잘 드는 거실이나 방 안의 창가도 적합하며, 그 밖에 주방, 현관, 욕실 등도 적합한 식물을 선택한다면 충분히 재배할 수 있는 장소이다.

광이 부족한 곳에 식물을 배치할 경우에는 전등으로 보광해 주며, 단지 통행에 불편을 주거나 실내 환경에 부적합한 식물을 선택하여 죽이는 일이 없도록 주의한다.

식물을 선택하기 위한 조건은 식물에게 필요한 광, 온도, 습도 등의 환경조건도 중요하나, 실내의 기능적인 면과 거주자의 취미와 기호도 고려해야 한다.

특히 가구와 벽지, 분위기 등과 잘 조화를 이루도록 하는 것이 센스있게 식물을 장식하는 방법이다.

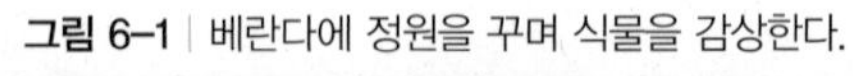

그림 6-1 | 베란다에 정원을 꾸며 식물을 감상한다.

1 거실

식물을 키우기에 적절한 장소로서 빛의 양, 바닥재료, 면적, 거주자의 동선, 가구의 분위기 등을 고려하여 식물을 선택한다. 거실의 규모가 크다면 키가 큰 화분 한두 개를 배치하거나 작은 실내 정원을 꾸며보는 것도 좋다.

그림 6-2 | 개운죽을 물가꾸기로 기르거나 벽면에 말린 식물을 액자로 만들어 좁은 실내를 꾸민다.

가구나 거실의 분위기가 동양적인 경우 남천, 대나무, 대만고무나무, 관음죽 등 동양적 느낌이 나는 식물을 선택하고, 서구적인 분위기에는 이국적인 느낌을 주는 야자류, 파키라, 떡갈잎고무나무 등을 배치하는 것이 적당하다.

2 방

휴식의 장소이기 때문에 너무 화려한 것보다 수수한 분위기로 아담하게 꾸미는 것이 좋다. 따라서 작은 잎에 부드러운 느낌이 드는 연녹색 계통의 고사리류가 잘 어울린다. 물꽂이를 할 경우에는 푸른색이나 백색 계통의 향기가 적은 꽃 몇 송이로 안정된 분위기를 연출할 수 있도록 한다.

그림 6-3 | 부드러운 느낌의 양치식물로 침실을 장식한다.

그림 6-4 | 어린이방은 자연학습 효과가 있는 식물이 적당하다.

그림 6-5 | 노인방은 화려하지 않고 편안한 느낌을 주는 식물로 꾸민다.

안방, 어린이방 등 사용자의 나이와 취향에 따라 식물을 선택하는 것이 좋다. 노인방은 동양란이나 석부작, 목부작을 배치하고, 도자기접시로 만든 디시가든을 꾸미는 것도 분위기를 살리는 데 매우 효과적이다.

어린이방은 쉽게 기를 수 있는 알뿌리류, 즉 양파를 비롯한 튤립, 고구마, 감자, 히아신스 등을 물꽂이하여 놓는 것이 좋으며, 넘어지기 쉬운 용기나 가시가 있는 식물은 피하도록 한다.

3 욕실

욕실은 습도가 높고 밤에는 온도가 내려가므로 과습에 잘 견디고, 추위에 강한 식물을 선택하도록 한다. 비눗물이 튀어 식물이 해를 입지 않도록 비교적 윗부분에 두는 것이 좋고, 잎이 잘 떨어지는 식물이나 빛이 부족한 곳에서 자라기 어려운 꽃식물은 적당하지 않다. 식물을 재배하기에 좋은 장소는 아니지만 청결하게 꾸미면 어떤 공간보다도 멋지게 장식할 수 있다. 적합한 식물은 물가꾸기가 가능한 싱고니움, 아나나스류, 달개비류, 고사리류 식물 등이나 아이비, 시서스 등의 덩굴성 식물을 공중걸이하여 장식하는 것도 좋다.

그림 6-6 | 욕실에는 높은 습도에서도 견딜 수 있는 싱고니움이나 스킨답서스와 같은 천남성과 식물이 적당하다.

4 주방

주방은 조리와 식사를 하는 장소이기 때문에 청결하고 위생적으로 식물을 꾸며야 한다. 따라서 화분을 배치할 경우에는 반드시 잡균이 없는 특수 인공토양을 이용하고 화분 표면의 흙을 조약돌이나 유리구슬, 하이드로볼 등으로 덮어 미관상 아름답게 한다.

즐겁게 식사와 대화를 나누고 식욕을 돋울 수 있는 분위기를 만들기 위해서는 화사하면서 깔끔한 붉은 장미나 카네이션과 같은 식물을 이용하여 물꽂이로 식탁 위를 꾸민다. 빛이 잘 드는 주방의 창가에는 허브식물을 작은 화분에 넣어 기르면서 요리에 이용하는 것도 좋은 장식 방법이다.

큰 키의 화분을 바닥에 배치하는 것이 일반적이지만 하나의 용기에 작은 식물을 모아 심어 디시가든으로 장식하거나 창가나 벽면에 공중걸이로 식물을 연출하는 것도 좋은 방법이 될 수 있다. 단지 화기가 있는 주변은 피하도록 하고 동선을 가리지 않는 곳에 배치한다. 적합한 식물로는 아프리칸 바이올렛, 아디안텀, 절화류, 허브식물 등이 있다.

그림 6-7 | 주방의 창가는 화려한 꽃식물이나 허브를 기르는 것이 좋고, 식탁은 식욕을 돋울 수 있는 화사하고 청결한 식물로 장식한다.

5 현관

현관은 집안의 첫인상을 좌우하므로 식물 연출에 더욱 신경을 써야 하는 곳이다. 따라서 통행에 불편을 주지 않도록 작은 식물로 화사하고 산뜻하게 꾸미는 것이 중요하다. 빛이 잘 들지 않아 겨울철에는 온도가 내려가기 쉬운 장소이기 때문에 반드시 추위에 강하고, 음지에서도 잘 자라는 식물을 선택해야 한다.

아이비나 스킨답서스, 고사리류 등의 관엽식물이나 화목류를 화분에 심어 배치하는 것도 좋지만 계절에 맞는 꽃화분이나 한 두 송이 꽃을 물꽂이하여 신발장 위를 장식하면 집안의 인상을 더욱 화사하게 만들 수 있다.

현관의 공간이 좁은 경우 공중걸이나 벽걸이의 방법으로 식물을 꾸미면 보다 효율적으로 공간을 이용할 수 있다.

물가꾸기(water culture)

뿌리가 잘 썩지 않는 식물이나 화려한 꽃이 피는 알뿌리식물을 투명한 유리용기에서 재배하는 방법으로, 꽃과 함께 뻗어 내리는 흰 뿌리도 동시에 즐길 수 있다.

1 알맞은 식물

꽃이 화려하고 이국적인 느낌을 주는 히아신스, 튤립, 수선화와 같은 알뿌리식물을 주로 이용한다. 양파나 고구마, 감자와 같이 손쉽게 구할 수 있는 작물을 기르는 것도 어린 학생들의 자연관찰을 위한 좋은 방법이 될 수 있다.

① 봄에 꽃이 피는 알뿌리식물 : 히아신스, 튤립, 수선, 아마릴리스

② 습생식물 : 아이비, 필레아, 싱고니움 및 스킨답서스 등 대부분의 천남성과 식물

히아신스 알뿌리

싱고니움

고구마

접란

그림 6-8 | 다양한 물가꾸기

2 만드는 방법

철사나 굵은 자갈, 색 유리구슬 등 뿌리를 지지할 수 있는 매질을 유리용기에 넣거나 뿌리를 이끼로 감싸고 물을 채운 다음 뿌리를 가지런히 배열하여 식물을 용기 안으로 넣는다.

단순하면서 세련된 느낌을 주기 위해서는 같은 용기에 같은 식물을 반복해 심어 연결감을 준다. 용기가 큰 경우에는 여러 개의 식물을 함께 모아 심어 탐스럽게 기를 수 있다.

3 관리

주 1회 정도 물을 갈아주고 묽게 희석한 액체 비료를 공급한다. 맥반석이나 숯 등을 넣어 물의 부패를 막을 수도 있다.

1 접란의 뿌리에는 비대된 알뿌리가 있다.
2 투명한 용기에 색구슬을 넣는다.
3 구리 철사로 지지대를 만든다.
4 그 위로 접란의 뿌리를 사이사이에 넣는다.
5 물을 채운다.
6 완성된 모습

그림 6-9 | 접란의 물가꾸기

공중걸이(hanging basket)

잎모양과 색이 특이하거나 줄기가 아래로 퍼지면서 화분을 감싸는 덩굴성 식물을 공중에 걸어 입체적으로 식물을 감상하는 방법이다. 특히 실내의 좁은 공간을 효율적으로 이용하기 위한 장식방법이다.

잎에 무늬가 있는 식물이나 잎 윗면과 아랫면의 색이 서로 다른 식물이라면 공중걸이의 아름다움을 더욱 즐길 수 있다. 실내뿐만 아니라 실외의 베란다, 창가, 그리고 단순한 담장 등에 배치하면 훌륭한 장식효과를 얻을 수 있다.

그림 6-10 | 삭막한 실내공간을 공중걸이나 관엽식물 분화로 연출하여 아름답게 가꾼 모습

1 적당한 용기

공중걸이는 일반 화분과 달리 공중에 매달려 있으므로 개성있는 용기를 사용하면 멋지게 공간을 연출할 수 있다. 보통 고리와 받침 접시가 있는 대바구니, 철바구니, 조롱박 등을 사용하며, 일반 화분을 사용할 경우에는 물받침이 있으면 편리하다.

2 알맞은 식물

① 꽃이 아름다운 식물 : 임파치엔스, 제라니움, 팬지, 프리뮬러

② 덩굴식물 : 스킨답서스, 아이비, 달개비류, 제브리나

3 만드는 방법

① 배수구가 없는 용기는 배수층을 만들기 위해 바닥에 자갈, 돌조각, 스티로폼 등과 숯을 깔은 후 배양토를 넣고 식물을 심는다.

② 배수구가 있는 용기는 일반 화분식물과 같은 방법으로 식물을 심으며 흙이나 물이 넘치는 것을 막기 위해 화분의 턱을 3cm 정도 빈 공간으로 남겨 놓는다.

③ 대바구니나 그물 용기는 물이 흘러내리지 않도록 안쪽 전면에 비닐을 깔고 그 위를 물이끼로 덮은 다음 배양토를 넣고 식물을 심는다. 이같은 용기는 건조가 빠르므로 이끼를 많이 넣어 어느 정도 수분을 유지시켜 주는 것이 좋다.

4 관리

그림 6-11 | 공중걸이 화분

공중에 매달려 있는 식물은 건조해지기 쉬우므로 관수를 자주 해야 하고, 빛이 많이 드는 창가에 위치한 공중걸이는 주위의 온도가 높아 뿌리보다 잎이 빨리 마르게 되므로 분무기로 물을 자주 뿌려 준다. 물받침 접시에 흘러내린 물은 곧바로 버려 청결을 유지하고, 화분에 물이 고인 경우에는 제거하여 뿌리가 썩지 않도록 주의한다.

새로 심은 식물은 한 달 정도 비료를 주지 않아도 잘 자랄 수 있으나 물을 자주 주는 식물은 물과 함께 비료분이 빠져나가기 쉬우므로 추가로 비료를 주어야 한다.

1 준비물 : 철망, 주 식물재료(임파치엔스, 아이비, 소형 관엽식물), 수태, 전정가위, 가벼운 배양토
2 공중걸이용 철망 바구니의 밑을 비닐로 깐다.
3 철망 주위를 수태로 싼다.
4 수태 안에 가벼운 배양토를 넣는다.
5 임파치엔스의 뿌리를 정리하여 작게 만들어서 심는다. 6 흙으로 안을 채운다.
7 공중걸이의 윗부분을 보스턴고사리나 아이비 등으로 장식한다.
8 식물 사이를 수태를 채워 흙이 보이지 않게 하여 물을 줄 때 흘러나오지 않도록 한다.
9 철사걸이를 끼운다. 10 완성된 모습
11 2~3일간 햇빛이 좋은 곳에 두면 꽃이 모두 위를 향해 피우면서 아름다운 모습을 갖추게 된다.

그림 6-12 | 임파치엔스 공중걸이 만들기

테라리움(terrarium)

수분이 순환되고 빛이 투과되는 밀폐 또는 반밀폐된 유리 용기 내에 여러 가지 식물을 심고 작은 정원을 연출하는 것이다.

테라리움 안의 식물에는 자주 물을 주지 않아도 된다. 그것은 식물 잎을 통해 증발된 수분이 용기 벽면에 물방울로 맺혀 있다가 다시 토양으로 내려와 뿌리로 흡수됨으로써 적정 습도가 유지되기 때문이다.

그림 6-13 | 테라리움 안에 있는 식물에 의해 흡수된 물은 식물체를 통과하여 다시 외부로 배출되고 이 물이 다시 용기에 물방울로 맺혀 식물체가 흡수하게 된다. 즉, 테라리움 안은 지구에서와 같이 물의 순환이 일어나는 소우주라고도 할 수 있다.

1 알맞은 식물

테라리움에 적합한 식물은 용기 내에 들어갈 수 있도록 키가 작고, 생장속도가 느려 관리를 자주 하지 않아도 되며, 용기 내의 습도가 높아질 수 있으므로 습기에 잘 견디고, 실내에서 감상하는 것이므로 빛이 적어도 잘 자랄 수 있는 식물이 좋다.

이에 속하는 식물로는 필레아, 아디안텀, 접란, 피토니아, 아이비, 싱고니움과 같은 천남성과 식물 등이 있다.

그림 6-14 | 필레아

그림 6-15 | 피토니아

2 만드는 방법

① 용기 바닥에 배수층을 만들기 위해 자갈, 스티로폼 조각 등을 깔고, 그 위에 숯을 놓아 용기의 약 1/10이 되게 한다.

② 물빠짐이 좋고 외관상 아름다운 배양토를 선택하여 용기에 넣고 작은 정원의 구도를 잡아가며 식물을 심는다.

③ 식물을 심을 때는 가장 크고 중심이 되는 식물을 먼저 심고, 키가 작은 식물들을 조화가 되게 심는다.

④ 배양토의 표면은 물이끼나 작은 돌로 덮어 미관상 아름답게 하고, 바위를 연상하는 돌 등도 넣어 실제 정원과 같은 분위기로 꾸민다.

⑤ 작은 정원이 완성되면 물을 준다. 물은 용기벽을 타고 흘러 내리게 하여 벽면의 불순물도 제거되도록 한다.

⑥ 물주기가 끝난 뒤에는 용기 밖을 깨끗이 닦은 후 뚜껑을 덮고 식물이 뿌리내리도록 그늘에 며칠 동안 둔다.

3 관리

1) 물주기

물을 줄 때에는 배수층에 오랫동안 고여있지 않도록 주의해야 한다. 용기의 크기와 형태, 그리고 식물의 종류에 따라 물의 양과 물주는 횟수가 달라진다.

① 완전밀폐형

용기 표면에 습기가 차면 과습한 상태이므로 물기를 약간 닦고, 표면이 말랐을 때는 소량의 물을 공급한다. 곰팡이가 발생하면 뚜껑을 열어 감염이 심해지는 것을 막아 준다.

그림 6-16 | 완전밀폐형 테라리움

② 부분밀폐형

2주일에 한 번 정도 흙을 살짝 적실 정도로 물을 주고, 분무기로 식물의 잎과 용기에 자주 분무한다.

2) 비료

한 달에 한 번 정도 주며 일반적으로 많이 이용하는 하이포넥스나 비왕과 같은 복합비료를 손쉽게 사용할 수 있다.

3) 가지자르기와 환기

생육이 빨라 가지나 잎이 다른 식물을 가리거나 입구까지 올라오면 적당히 잘라낸다. 밀폐식의 경우에는 과습으로 인한 곰팡이나 세균의 번식을 막고 보다 건강한 생육을 위해 약 1개월에 한 번 정도 뚜껑을 열어 환기시킨다.

1 굵은 자갈을 유리 용기 밑에 깔고 물을 정화시켜 주는 숯가루나 맥반석을 깐다.
2 준비한 인공 용토(펄라이트, 질석, 색모래 등)를 넣는다.
3 중앙에 중심이 되는 식물(키가 가장 큰 식물)을 심는다.
4 보조 식물을 심는다.
5 정면 중앙에 포인트가 될 색깔 식물을 심는다.
6 토양 표면을 덮을 식물을 심는다.
7 숟가락, 핀셋 등으로 뿌리 안으로 배양토가 골고루 들어가도록 정리한다.
8 작은 흰 자갈로 토양 표면을 덮는다.
9 분무기로 물을 주고, 이후 실내에서 1~2주에 한 번씩 물을 준다.

그림 6-17 | 테라리움 만들기

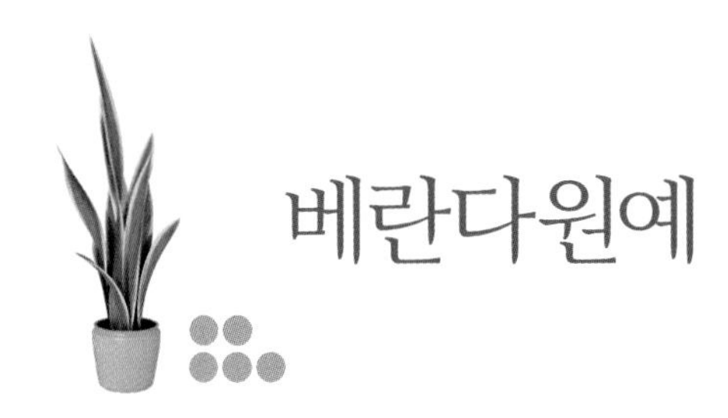

베란다원예

베란다는 식물가꾸기에 가장 많이 이용되는 공간으로 식물 생육에 필요한 조건을 비교적 고루 갖추고 있다. 우선 자연광을 충분히 받을 수 있고 배수구가 설치되어 있어 물관리가 편리하며, 주로 거실과 연계되어 있어 장식적 효과 또한 높다.

식물은 빛을 향해 자라는 습성이 있으므로 연중 같은 위치로 배치시키면 꽃눈이나 잎이 한 방향으로 치우쳐 자랄 수 있으므로 아름다운 수형을 위해서는 화분의 위치를 자주 바꾸어 주는 것이 좋다.

그림 6–18 | 빛이 잘 드는 베란다를 이용하여 햇빛을 좋아하는 식물을 재배한다.

1 알맞은 식물

햇빛을 좋아하고 건조와 바람에 강하며 겨울철 추위에도 견딜 수 있는 종려죽, 관음죽, 후피향나무, 남천, 팔손이 등의 식물을 선택하는 것이 좋다.

빛이 많이 드는 남향 베란다의 경우에는 잎보기식물과 꽃보기식물이 모두 가능하지만, 빛이 많이 들지 않는 서북향 베란다에는 꽃보기식물이 적합하지 않으므로 식물은 소량만 배치하고 그 외 다른 장식물을 활용하는 것이 바람직하다.

베란다에 난방이 되지 않는 경우에는 비교적 저온에 강한 식물을 기르는 것이 좋다. 화분가꾸기의 경우 베란다 바닥에 스티로폼 등의 단열재를 깔고 그 위에 식물을 놓으면 약간의 난방 효과를 얻을 수 있다.

① 꽃보기식물 : 동백, 철쭉류, 제라니움, 칼랑코에 등

② 햇빛에 비교적 강한 관엽식물 : 고무나무류, 야자류, 쉐플레라, 골드크레스트, 드라세나 와네키, 아나나스류 등

③ 키 작은 식물 : 산호수, 아이비, 왕모람, 셀라지넬라 등

그림 6-19 | 철쭉류는 추위와 건조에 강하므로 베란다에서 키우기에 적당하다.

그림 6-20 | 햇빛을 좋아하는 침엽수로서 실내 관엽식물로 많이 이용되는 골든크레스트

2 종류와 만드는 방법

1) 화분재배형

화분만을 두면 단순한 느낌을 줄 수 있으므로 작은 물레방아나 분수, 그리고 조각물 등과 함께 두면 새로운 느낌을 줄 수 있다. 자연스러운 배치 방법은 키 큰

식물을 안쪽에 놓고 중간 식물로 큰 화분을 가린 다음, 작은 식물을 앞에 두는 것이다.

2) 화단형

정원식으로 화단을 만들어 베란다를 꾸미는 방법으로 베란다는 물관리가 편하기 때문에 바닥에 바로 목재, 벽돌, 석재 등을 이용하여 화단을 설치한다. 보통 화단의 높이는 약 15~25cm가 되어야 토양을 넣고 식물을 심기에 적당하다.

① 바닥에 두께 3cm의 배수판을 깔고 그 위에 부직포 등을 깔아 토양이 아래로 흘러 내려가지 않도록 한다.

② 배수층 위에 가볍고 식물 재배에 적합한 특수토양이나 배양토를 넣고 식물을 심기 시작한다.

③ 키가 큰 식물을 먼저 식재하고, 돌이나 통나무 등의 장식물을 배치한다.

④ 중심이 되는 식물 아래에 중간 키의 식물을 심는다.

⑤ 키 작은 식물을 심은 후 토양이 보이지 않도록 수태를 덮어 마무리한다.

⑥ 화단을 완성한 후 충분히 물을 준다.

3) 모아심기

큰 용기에 여러 가지 식물을 함께 심어 기르는 방법으로 화단형과 유사하나 규모가 작아 아기자기한 멋을 연출할 수 있다.

3 관리

베란다는 햇빛이 강하고 건조하기 쉬우므로 물을 충분히 주어야 하고 꽃보기식물은 비료를 충분히 주어야만 아름다운 꽃을 볼 수 있다. 관엽식물도 잎이 노랗게 되면 액체비료를 주는 것이 좋다.

디시가든(dish garden)

넓직한 접시 모양의 화분에 여러 가지 식물을 함께 심어 축소된 경관의 정원으로 식물을 감상하는 방법이다.

그림 6-21 | 큰 나무와 작은 나무, 초화류, 바위 등으로 경관을 연출하여 조성된 축소된 정원으로서의 디시가든

1 용기

용기 재료는 유리, 도자기, 플라스틱 등 어떤 것이나 상관없고, 깊이는 식물의 뿌리가 충분히 들어가고 식물의 모습이 모두 보일 수 있는 7cm 정도가 적합하다.

2 알맞은 식물 및 재료

그림 6-22 | 아름답게 연출된 디시가든

식물 재료는 꽃보기식물, 잎보기식물, 다육식물 등 어떤 것이든 상관없으나 생육환경이 유사한 식물끼리 모아 심는 것이 관리하기에 좋다.

① 큰 나무 모양의 식물 : 테이블야자, 드라세나, 자금우, 백량금

② 관엽식물 : 아디안텀, 아스파라거스, 베고니아류, 칼라데아류, 시서스, 코르딜리네, 피토니아, 마란타, 페페로미아, 필로덴드론, 필레아류, 제브리나

③ 작은 나무 모양의 식물 : 줄사철나무, 백정화

④ 땅을 덮는 식물 : 이끼, 수태, 셀라지넬라

⑤ 기타 경관을 연출하는 데 사용할 돌이나 자갈

그림 4-23 | 제브리나

그림 4-24 | 백정화

3 만드는 방법

용기에 배수구가 없는 경우에는 토양이 과습해지는 것을 막기 위해 낮게 배수층을 만든 후 배양토를 넣고 식물을 심는다. 배수구가 있는 경우에는 화분재배와 같이 바로 배양토를 넣고 식물을 적당히 배치한다. 만드는 과정은 테라리움과 유사하다.

4 관리

디시가든은 테라리움에 비해 식물이 많이 노출된 상태이므로 식물체의 건조가 심하다. 따라서 수분을 자주 공급해주어야 하며, 토양보다는 분무기를 이용하여 잎에 주는 것이 효과적이다. 비료는 2~3주에 한 번씩 하이포넥스, 북살, 비왕 등의 액체비료를 희석해서 준다.

1 준비물 : 넓은 접시 화분, 바위, 굵은 자갈, 흰 작은 자갈, 이끼, 테이블야자, 줄사철나무, 접란, 가위, 물주개
2 굵은 자갈을 접시 화분에 얇게 깔아 배수층을 만든다.
3 굵은 자갈 위에 배양토를 얇게 깐다.
4 열대지방의 시원한 야자수를 연상하는 테이블야자의 뿌리를 정리하여 작게 만들어서 심는다.
5 접란의 포기를 적당히 알맞게 나누어 심고 주변을 흙으로 다져준다.
6 작은 나무와 같은 경관을 연출하도록 줄사철을 다듬어서 심는다.
7 잎이 작고 잘 퍼져 자라는 식물을 알맞게 잘라 심어 화단의 잔디와 같은 경관을 만든다.
8 식물 사이를 흰 자갈로 채워서 아름답게 꾸민다.
9 모든 식물을 심은 후에는 분무기로 물을 충분히 준다. 이후 2~3일에 한 번씩 물을 주는 데 물이 고이지 않도록 주의한다.
10 완성된 작품을 감상한다.

그림 6-25 | 디시가든 만들기

원 예 이 야 기

꽃잎을 가장한 잎

아름다운 꽃을 감상하는 것만큼 즐거운 일이 있을까? 꽃은 자연이 가지는 추출물(extract)이며 이로써 바라보는 이들을 유혹한다. 포인세티아, 안스리움, 스파티필럼.... 그런데 이들의 화려한 빨간 혹은 하얀 꽃은 꽃을 가장한 다른 기관이다.

또 5월에 흰 꽃이 아름다운 산딸나무, 슬픈 전래동화의 주인공으로 우리의 가슴을 울렸던 할미꽃이나 노루귀, 동의나물, 클레마티스... 이들의 꽃도 우리의 눈을 속이고 있다.

크리스마스 식물로 많이 알려져 있는 포인세티아의 빨강, 분홍, 흰색의 아름다운 꽃잎은 잎이 특이한 형태(포엽, 苞葉)로 변형된 것이다.

포인세티아

포인세티아의 꽃

꿀샘

수꽃

암꽃

낮이 짧아지는 단일의 조건에서 초록색의 잎이 점점 붉은색으로 변하게 되고 그 안에 노란 색의 작은 꽃이 생긴다.

이외에도 안스리움이나 스파티필럼 등 꽃잎처럼 보이는 특이한 형태의 기관은 천남성과 식물에서 많이 볼 수 있는 포엽의 일종(불염포, 佛炎苞)이다.

하나의 꽃

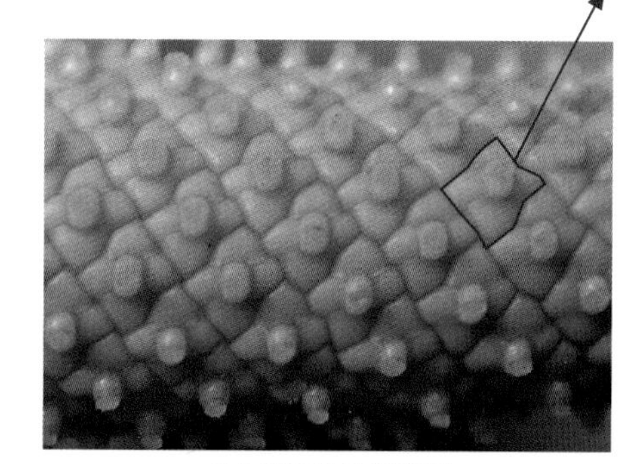

안스리움의 화서(花序)

안스리움

스파티필럼

이외에 산딸나무의 꽃은 잎이 변형된 형태(총포, 總苞)이고, 미나리아재비과 식물인 할미꽃, 노루귀, 동의나물, 클레마티스 등은 모두 꽃잎을 가장한 꽃받침이다.
그러면 이들의 진짜 꽃은 어떨까? 안스리움이나 스파티필럼 같은 천남성과 식물은 특이한 형태의 화서(육수화서, 肉穗花序)를 가지고 있으며, 포인세티아의 경우는 꽃잎과 꽃받침이 없고 한 개의 암꽃을 여러 개의 수꽃이 둘러싸고 있는 화서(배상화서, 杯狀花序)를 하고 있다.
이들 식물의 공통점은 아이러니하게도 꽃들이 그다지 화려하지 않다는 것이다. 대신 변형된 형태의 잎이나 꽃받침으로 보는 이들의 눈길을 사로잡는다.
꽃잎을 가장한 잎! 이것은 식물의 현명한 눈속임이라고 할 수 있을까?

산딸나무

할미꽃

노루귀

동의나물

클레마티스

관엽식물 기르기

관엽식물은 주로 열대나 아열대에서 자라는 잎이 아름다운 식물로서 실내에서도 연중 관상할 수 있다는 장점이 있다. 따라서 관엽식물을 기르면 겨울이 유난히 긴 우리나라에서도 실내에서 녹색의 자연을 접할 수 있다.

대표적인 관엽식물 그룹으로는 고무나무류, 야자류, 드라세나류, 천남성과 식물, 고사리류, 칼라데아류가 있는데 각각에는 수많은 품종이 있다.

관엽식물이란?

관엽식물은 대부분 열대산 식물로 잎의 색이나 모양이 특이하여 주로 잎의 아름다움을 관상하는 식물을 말한다. 또한 우리나라에서도 온도 조건만 맞으면 낙엽지지 않고 항상 녹색 잎을 유지하기 때문에, 가정이나 사무실을 꾸미기에 매우 적합하여 도시인들이 실내에서 연중 자연을 느낄 수 있다.

아디안텀

아스플레니움

루모라고사리

박쥐란

그림 7-1 | 대표적인 관엽식물(고사리류)

적합한 환경조건

1 빛

원산지의 관엽식물은 큰 나무 아래서 커다란 잎의 틈새로 들어오는 빛으로 생명을 유지하기 때문에 부드러운 반음지 상태의 빛을 좋아한다. 그러므로 여름철에는 직사광선에 주의하여 발이나 망을 이용해 빛을 줄여주거나 그늘이 지는 장소로 옮겨주는 것이 바람직하다. 한편 기온이 많이 떨어지는 겨울철에는 한낮의 햇빛을 충분히 받을 수 있는 따뜻한 장소에 두어야 한다.

표 7-1. 빛의 요구도에 따른 관엽식물의 분류

빛의 세기	강	중	약
종류	칼라디움, 틸란디시아, 에크미아	안스리움, 알로에, 산세베리아	아디안텀, 몬스테라, 페페로미아
대표적인 식물	칼라디움	산세베리아	페페로미아

2 온도

우리나라의 5월에서 9월까지 기후는 관엽식물 자생지의 기후와 비슷하므로 특별한 관리가 필요하지 않으나, 10월 이후 추위가 시작되면 실내로 옮겨서 키워야 한다.

실내에서 기를 경우 난방기구에 식물이 닿지 않도록 주의하고, 사무실과 같이 밤 동안에 온도가 떨어지는 곳에서는 비교적 온도가 높은 장소에 식물을 배치하여 저온 피해를 막도록 한다. 하지만 여름부터 가을까지 싱싱하게 자란 식물은 저온에 대해서도 보다 강한 저항성을 갖게 된다.

표 7-2. 내한성에 따른 관엽식물의 분류

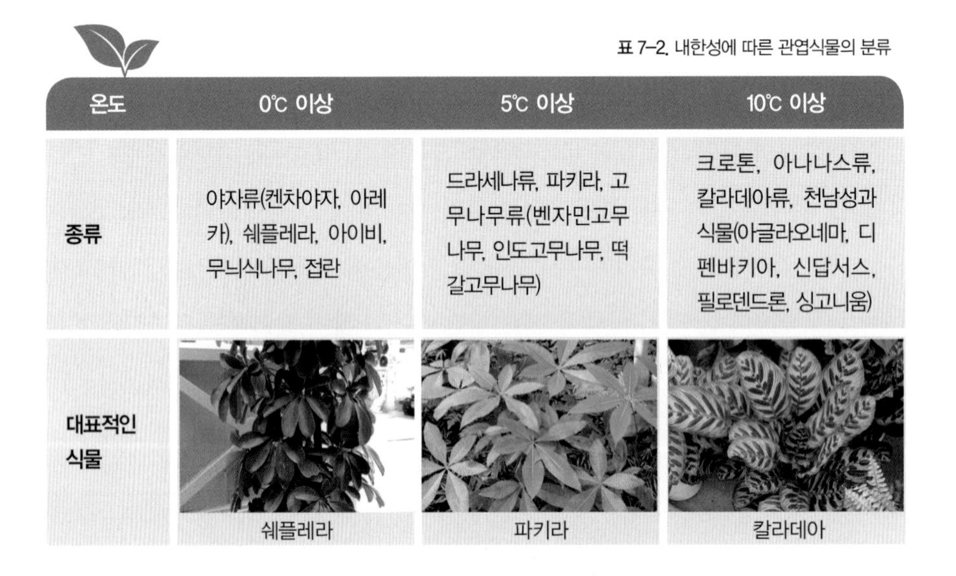

온도	0℃ 이상	5℃ 이상	10℃ 이상
종류	야자류(켄차야자, 아레카), 쉐플레라, 아이비, 무늬식나무, 접란	드라세나류, 파키라, 고무나무류(벤자민고무나무, 인도고무나무, 떡갈고무나무)	크로톤, 아나나스류, 칼라데아류, 천남성과 식물(아글라오네마, 디펜바키아, 신답서스, 필로덴드론, 싱고니움)
대표적인 식물	쉐플레라	파키라	칼라데아

3 습도

열대의 고온다습한 환경을 좋아하는 관엽식물은 우리나라의 다습한 여름철 환경에서는 비교적 잘 자란다. 그러나 실내에서의 화분재배나 겨울철에는 난방기와 환기의 부족으로 공중습도가 낮아지므로 가습기나 분무기 등으로 습도를 높여주어야 한다.

그림 7-2 | 관엽식물 인테리어

기르는 방법

1 물주기

그림 7-3 | 건조에 비교적 강한 러브체인

일반적으로 80% 이상의 습한 상태를 좋아하지만 식물의 종류와 환경에 따라 다소 차이가 난다. 천남성과 식물인 몬스테라, 필로덴드론, 안스리움, 알로카시아 등은 물가꾸기로 키워도 잘 자라나는 반면 아스파라거스나 클로로피텀, 러브체인 등은 비교적 건조에 강하다. 통기성 좋은 배양토일수록 자주 물을 주어야 하는데 토양을 만져 보고 표면에서 약 0.5~1cm 정도까지 말라 있을 때 화분의 배수구에서 물이 나올 정도로 충분히 준다.

1) 봄, 가을

2~3일에 한 번씩 화분의 바닥으로 물이 흘러내릴 정도로 충분히 주어야 한다.

2) 여름

직사광선이 들지 않는 오전이나 오후 하루에 한 번 흠뻑 준다. 더위가 심한 7~8월에는 하루에 두 번 정도 물을 주어 식물체가 건조하지 않도록 주의해야 한다.

3) 겨울

겨울철은 주 1~2회 정도 주면 되고, 실내에서 식물을 기르기 때문에 식물체가 건조하지 않도록 분무기로 잎에 물을 뿌려주는 것이 좋다.

2 배양토

식물의 종류에 따라 다르나 일반적으로 물빠짐이 좋고, 통기성이 좋은 토양이 적당하다. 물빠짐이 잘 되지 않아 화분에 물이 고이면 뿌리가 썩고 또한 통기성 불량으로 토양이 굳어져 식물이 물을 흡수하기 어려워지기 때문에 2~3년에 한 번 정도 분갈이를 해 주는 것이 바람직하다.

3 비료주기

관엽식물은 다른 식물에 비하여 비료에 대한 요구가 적은데, 5~9월 사이에 건

그림 7-4 | 대표적인 관엽식물(천남성과)

칼라데아 크로카타　칼라데아 란시폴리아

칼라데아 마코야나　칼라데아 제브리나

그림 7-5 | 대표적인 관엽식물(칼라데아류)

강하고 아름다운 잎을 관상하기 위해서는 잎비료인 질소비료를 주는 것이 좋다. 비료를 지나치게 많이 주면 식물이 해를 입게 되므로 묽게 희석해서 여러 번 나누어주는 것이 좋고, 보통 분갈이 할 때 밑거름으로 주었으면 다시 웃거름을 주지 않아도 된다.

4 분갈이

식물체가 지나치게 많이 자라 모양이 아름답지 못하거나 잘 자라지 않을 경우에는 분갈이를 해주는 것이 좋다.

분갈이는 보통 2~3년에 한 번 5월 중순~6월 사이 흐린 날에 하는 것이 적당하다. 대체로 식물이 처음 상태보다 성장해 있으므로 보다 큰 화분으로 옮겨주고, 옮길 때에는 불필요한 가지나 뿌리를 적당히 잘라내고 심는다.

5 번식

대부분의 관엽식물은 다른 식물에 비해 뿌리가 잘 내리기 때문에 주로 꺾꽂이, 포기나누기, 휘묻이 등의 영양번식법을 이용한다. 이 방법으로 가정에서도 쉽게 번식시킬 수 있다.

1) 꺾꽂이

① 줄기꽂이 : 아이비, 드라세나, 스킨답서스 등

② 잎꽂이 : 산세베리아, 페페로미아, 베고니아 등

2) 포기나누기

네프롤레피스나 아디안텀 등의 고사리류, 칼라데아, 엽란, 클로로피텀 등

3) 휘묻이

고무나무류, 아이비, 드라세나, 크로톤, 부겐빌레아, 쉐플레라 등

1 오랫동안 분갈이를 하지 않고 키운 엽란의 번무한 모습
2 근경성인 엽란의 뿌리들이 엉켜 있다.
3 엽란의 근경성 뿌리를 정리하고 적당하게 자른다.
4 확대한 모습
5 기존의 화분보다 큰 화분에 옮겨 심는다.
6 한 식물체가 4개로 늘어 났다.

그림 7-6 | 엽란의 분갈이와 포기나누기

팻츠헤데라 / 팔손이 / 쉐플레라 / 아이비

그림 7-7 | 대표적인 관엽식물(두릅나무과)

6 병해충

관엽식물에 주로 나타나는 피해는 지나친 건조에 의해 잎이 떨어지거나 겨울철 저온으로 잎이 누렇게 되는 것이다.

천남성과 식물의 경우 주로 어린 잎에 세균성인 연부병이 나타나며, 이는 주로 과습에 의해 발생한다. 야자류, 고무나무, 드라세나, 아나나스 등은 탄저병에 잘 감염되며 그 증상은 초기에 잎에 검은 원형의 크고 작은 반점이 생기다가 점차 확대되어 황갈색이나 흑갈색으로 되고 결국 잎의 여러 곳이 고사하게 되는 것이다. 탄저병은 영양부족이나 고온건조에 의해 나타날 수 있으므로 비료와 환경조건에 주의하면 방제할 수 있다.

해충은 주로 깍지벌레, 진딧물, 응애 등이 있다. 주로 건조하고 통풍이 잘 되지 않는 실내에서 많이 발생하므로 창을 열어 자주 환기시키고 건조하지 않도록 분무기로 잎에 물을 뿌려주는 것이 좋다.

병해충의 증상과 원인

① 잘 자라지 않는다. – 비료 과다, 건조, 과습으로 뿌리 손상

② 줄기와 잎이 길고 연약하게 웃자란다. – 광 부족, 질소 비료 과다, 영양 부족, 건조, 뿌리 손상

③ 잎의 일부가 시든다. – 수분 과다로 뿌리 손상, 건조, 비료 과다, 실내 습도 부족, 빛이나 온도 등의 급격한 환경 변화, 병해충 발생, 동해, 장기간 바람

④ 식물 전체가 갑자기 시든다. – 건조, 과습으로 뿌리 손상, 해충 발생, 비료 과다, 화분 내 염분 축적, 실내 습도 부족

⑤ 잎이 노랗게 말라간다. – 해충 발생, 빛의 부족, 과습으로 뿌리 손상, 고온 피해, 영양 부족

⑥ 새로 나는 잎이 시든다. – 고온 건조한 바람이나 저온 건조한 바람에 노출, 건조, 고온이나 저온, 직사광선, 동해, 비료 과다

⑦ 새로 나는 잎이 기형으로 많이 나오며 말리거나 오그라진다. – 유해가스나 대기오염물질에 노출

⑧ 잎의 색이 녹색에서 연두색으로 변했다. – 영양 부족, 강한 빛

⑨ 잎 끝이 갈색으로 마른다. – 과습으로 뿌리 손상, 건조, 비료 부족이나 과다, 화분 안의 염분 축적, 고온 건조

⑩ 잎에 반점이 생긴다. – 해충 발생, 일소현상, 통풍 불량, 높은 습도

⑪ 잎 전체가 갈색으로 변한다. – 직사광선 피해, 동해

⑫ 아래 잎이 말리면서 시들어간다. – 과습, 해충 발생

⑬ 화분 표면에 흰 것이 끼고 잎이 시들며 말라 죽는다. – 화분 안의 염분 축적

⑭ 식물에 끈끈한 액체가 맺히거나 작은 솜 덩어리, 거미줄 같은 것이 생긴다. – 해충 발생

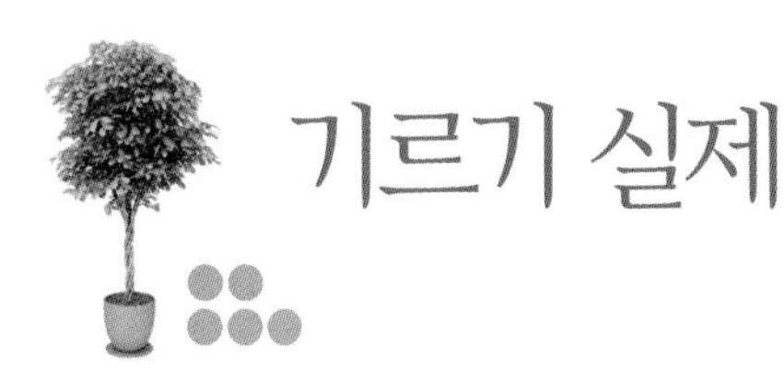

기르기 실제

1 드라세나

긴 잎에 노란색이나 흰색의 줄무늬가 있어 아름다운 잎을 감상하는 관엽식물로, 보통 화분에서 많이 기르지만 뿌리가 물 속에서도 썩지 않아 물에만 꽂아 두어도 잘 자란다.

① 빛　어둡지 않은 반그늘에 두며 지나치게 빛이 부족하면 잎색이 희미해진다.

② 물주기　생장이 활발해지는 4월부터 물을 충분히 주었다가 10월부터 서서히 물 주는 횟수를 줄이고 겨울에는 건조하게 기른다.

③ 비료　5~9월까지 두 달에 1번 정도 준다.

④ 번식　꺾꽂이로 번식이 가능하며 잎이 없는 줄기 부분을 잘라 심어도 새 잎과 뿌리가 잘 나온다.

드라세나 레인보우

드라세나 맛상게아나

드라세나 송오브인디아

드라세나 수클로사

드라세나 와네키

드라세나 콘시나

드라세나 산데리아나

드라세나 비렌스(개운죽)

그림 7-8 | 대표적인 관엽식물(드라세나류)

2 벤자민고무나무

광택이 나는 작은 잎과 하얀 줄기가 부드럽고 우아한 모습을 하고 있어 실내에서 많은 사랑을 받고 있는 식물이다. 줄기가 짧고 잎이 무성한 것이 건강하게 잘 자란 것이다.

① 빛 직사광선이 들지 않는 밝은 곳에 두는 것이 좋다. 빛이 부족한 곳에서 자라면 웃자라 겨울철 추위에 잘 견디지 못한다.

② 물주기 생육이 활발한 5~10월에는 충분한 물을 주고 추위가 시작되면 서서히 물주는 횟수를 줄인다.

③ 비료 생육기에는 월 2회 액체비료를 주고 복합비료는 1회만 주어도 된다.

④ 번식 봄에 자란 가지를 잎 6~7장을 남기고 잘라 아랫잎 3~4개를 제거하고 토양에 꽂으면 3~4개월 후 잘 자란다.

스타라이트 벤자민고무나무

대만고무나무

데코라 인도고무나무

왕모람

떡갈잎 인도고무나무

인도고무나무

그림 7-9 | 대표적인 관엽식물(고무나무류)

3 접란(蝶蘭, 클로로피텀)

긴 줄기 끝에 달린 어린 싹이 나비처럼 생겼다고 해서 접란이라고 하며, 해가 짧아지는 가을에서 겨울, 이른 봄에 걸쳐 많이 발생한다. 별다른 병해충이 없이 튼튼하게 잘 자라 공중걸이 등으로 기르기에 적합한 식물이다.

그림 7-10 비젯티접란

① **빛** 직사광선이 들지 않는 곳이면 어디에서나 잘 자라나 밝은 곳에서 길러주면 보다 건강하게 자란다.

② **물주기** 토양이 건조하지 않을 정도로 주 2~3회 물을 준다.

③ **비료** 생장기인 4~8월에 월 2~3회 정도 액체비료를 준다.

④ **번식** 줄기에서 나온 어린 포기를 뿌리가 달린 채로 잘라 토양에 심는다. 큰 식물은 포기를 나누어 준다.

그림 7-11 줄기에서 나온 어린 포기를 뿌리가 달린 채로 잘라 토양에 심어 번식시킨다.

4 크로톤

품종에 따라 잎 모양이 다르고 잎 색도 녹색, 붉은색, 갈색, 주황색, 노란색 등으로 매우 다양하여 이국적인 분위기를 연출해 주는 식물이다.

① **빛** 여름의 강한 빛을 제외하고 그 외의 기간에는 직사광선이 비치는 곳에서 길러야 잎 색이 선명하고 아름답다.

② **물주기** 생육이 활발한 4~9월에는 충분한 물을 주어야 하고 가을부터 서서히 물주는 횟수를 줄인다.

③ **비료** 건강한 잎과 아름다운 색을 유지하기 위해 4~9월에 월 1~2회 복합 비료나 깻묵을 준다.

④ **번식** 꺾꽂이로 쉽게 번식이 가능하다.

그림 7-12 | 대표적인 관엽식물(기타)

원예이야기

실내 공기를 정화하는 식물

현대인들은 많은 시간을 실내에서 생활하는데, 대부분의 현대식 건축물에서는 가구, 페인트, 카펫, 벽지, 세제류, 컴퓨터나 사무기기로부터 각종 유기물질이 방출된다.

연구에 따르면 약 900종류가 넘는 다양한 휘발성 유기물질(volatile organic compounds, VOC)들이 발견되었으며 특히 새로 지은 건물에서는 100배 이상의 농도가 검출된 것으로 밝혀졌다.

주로 방출되는 공기오염물질은 트리클로로에틸렌(trichloroethylene, TCE), 벤젠(bezene), 포름알데히드(formaldehyde) 등으로 대부분 인체에 유해하여 호흡기 질환과 같은 빌딩증후군(sick building syndrome, SBS)의 주범으로 여겨지고 있다.

NASA의 연구 결과에 따르면 식물이 이러한 실내 공기오염물질을 정화시킨다고 한다. 밀폐된 용기 안에 식물을 넣고 오염물질을 주입한 뒤 그 감소량을 측정한 결과, 시간이 지남에 따라 오염물질은 점차 감소하였다.

실내 공기오염물질인 벤젠의 제거에 효과적인 거베라

잎의 면적이 넓어 실내 공기정화에 효과적인 벤자민 고무나무

트리클로로에틸렌의 제거에 효과적인 분화 국화

그렇다면 과연 어떻게 식물이 오염물질을 정화할 수 있는 것일까?
그것은 바로 식물이 광합성을 할 때 작은 기공을 통해 이산화탄소뿐만 아니라 휘발성 오염물질도 흡수하여 정화시키는 것이다.
그러면 모든 식물이 똑같은 효과를 갖고 있을까? 식물간의 차이를 알아보기 위해 식물을 교대로 밀폐된 용기 안에 넣고 오염물질을 주입한 뒤 감소량의 차이를 비교한 결과, 포름알데히드를 가장 잘 제거한 식물은 드라세나였고 벤젠은 거베라, 그리고 TCE는 국화였다.
실내 공기정화에 효율적인 식물의 특징은 무엇일까? 대체적으로 식물의 총엽면적이 넓은 것이 효과가 좋다. 총엽면적은 잎이 크다고 해서 넓은 것은 아니다. 벤자민 고무나무처럼 잎이 작아도 숫자가 많으면 공기정화에 유효하다.
그런데 식물만이 정화를 하는 것일까? 토양미생물의 역할을 알아보기 위해 식물이 심겨긴 토양과 식물이 없는 토양의 정화효과를 비교하였다. 토양만으로도 오염물질을 제거하기는 했으나 식물이 함께 있을 때보다는 제거량이 적었다.
이 모든 가능성으로 종합해 볼 때 이러한 실내 공기오염물질은 식물 잎을 통해 흡수되어 뿌리로 이동되고, 뿌리에서 미생물에 의해 분해되는 것으로 여겨진다.

포름알데히드의 제거에 효과적인 드라세나 맛상게아나

초본화훼류 기르기

● 식물이 좋아하는 환경

주로 화려한 꽃이 아름다워 기르는 식물을 화훼식물이라고 하며, 수많은 초본성 식물 및 목본성 식물이 이에 포함된다.
초본성 화훼류에 속하는 일년생 초화류와 다년생 초화류, 알뿌리식물, 야생화의 종류와 생육환경, 기르는 방법 등에 대하여 알아본다.

일년생 초화류

씨를 뿌려 싹이 트고 꽃이 피어 열매를 맺기까지 1년이 걸리는 식물을 말한다. 주로 종자로 번식하고, 꽃이 화려하며 수명도 길어 화단을 장식하기에 적당하지만 매년 다시 심어야 꽃을 볼 수 있다.

봄과 초여름에 꽃이 피는 팬지, 프리뮬러, 데이지, 시네라리아 등은 가을에 씨를 뿌린 것으로 주로 온대지방이 원산지이고 서늘한 기후조건에서 잘 자란다. 여름이나 가을에 꽃이 피는 맨드라미, 한련화, 페튜니아, 코스모스, 봉선화 등은 봄에 씨를 뿌리는 화초로 주로 고온에서 잘 자란다.

1 일년생 초화류에 적합한 환경

초화류는 대부분 아름다운 꽃을 감상하는 식물이므로 꽃색이 선명하고 예쁜 꽃이 피도록 하기 위해 빛이 충분히 드는 장소에 두어야 한다. 실내에서는 빛이 잘 드는 베란다나 창가에서 초화류를 화분에 모아심기로 가꾸면 되고, 실외 정원의 경우에는 여름은 시원하고 겨울은 따뜻한 장소가 적합하다.

2 기르기 방법

씨뿌리는 시기는 종류에 따라 다소 차이가 있지만 주로 봄에 씨뿌리는 식물은 3~5월에, 가을에 뿌리는 경우는 9~10월이 적당하다. 그러나 가정에서 간편하게 기르기 위해서는 초봄에 모종을 구입하여 봄에서 여름 동안 꽃을 감상하거나, 초여름에 모종을 구입하여 가을에 꽃을 감상한다.

봄에 피는 꽃 중 프리뮬러와 팬지는 초봄에 모종을 구입해서 기르는 것이 더 좋고 가을에 피는 꽃 중에서 나팔꽃, 코스모스, 봉선화는 봄에 종자를 뿌려 여름에서 가을에 걸쳐 꽃을 보는 것이 좋다.

샐비어, 페튜니아, 꽃베고니아, 아프리칸봉선화, 매리골드 등은 여름에 모종을 구입해서 기르면 편리하다.

그림 8-1 | 일년생 초화류

3 기르기 실제

1) 프리뮬러

초봄에서 초여름까지 꽃이 피며 꽃색이 매우 다양하여 실내나 정원을 화사하게 꾸밀 수 있다. 더위에 약해 실내에서 재배할 때는 20℃ 이하의 서늘하고 빛이 잘 드는 장소에 두어야 한다.

① **빛** 4월에는 3일에 한 번, 5월부터는 2일에 한 번 잎이나 꽃에 닿지 않도록 물을 준다.

② **비료주기** 모종을 구입하여 화분에 심을 때 고체비료로 밑거름을 주고 이후 4월 중순부터 꽃이 질 때까지 2주에 한 번 준다.

③ **기르기 순서** 3월 하순 모종 구입 → 4월 중순부터 밖의 햇빛 좋은 곳에 두고 2주에 한 번 정도 비료를 준다. → 5월부터 반양지에 둔다. → 6월에 정리한다.

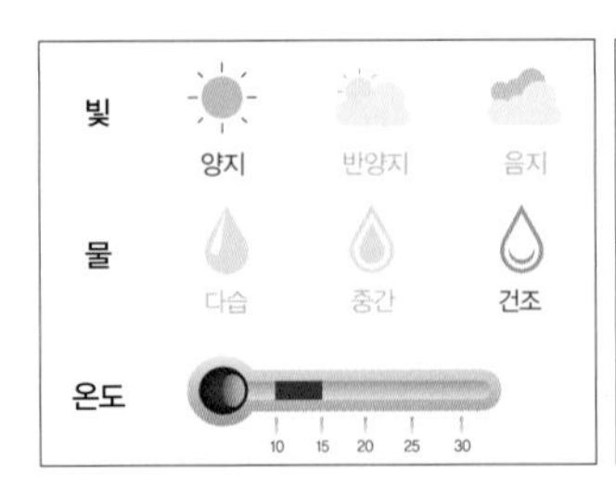

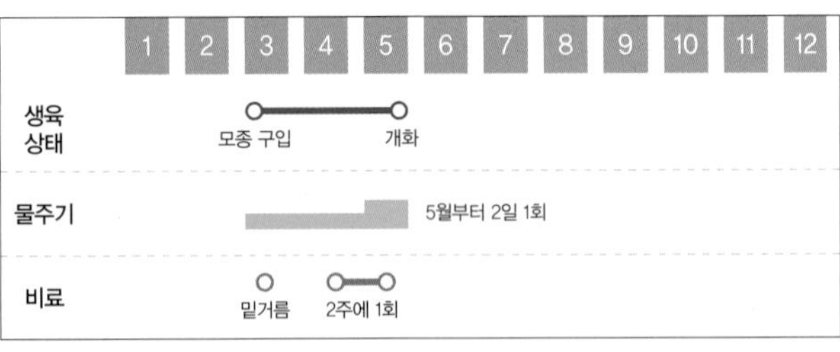

그림 8-2 프리뮬러의 기르기 환경

2) 팬지

다양한 색상과 크기의 꽃을 피우기 때문에 색을 잘 배합하여 꾸미면 화려한 봄철 화단을 장식할 수 있다. 노랑색 계열이나 보라색 계열의 꽃끼리 함께 심어주면 안정되고 부드러운 느낌을 줄 수 있고, 긴 꽃상자에 담아 실내에서 기르는 것도 가능하다.

① **물주기** 4월에는 3일에 한 번, 5월부터는 2일에 한 번 잎이나 꽃에 닿지 않도록 물을 준다.

② **비료주기** 꽃 피기 전에는 고형 비료를 주며 개화기 동안에는 하이포넥스를 월 2~3회 준다.

③ **기르기 순서** 3월 하순 모종 구입 → 4월 중순부터 밖의 햇빛 좋은 곳에 두고 2주에 한 번 정도 비료를 준다. → 5월부터 반양지에 둔다. → 6월에 정리한다.

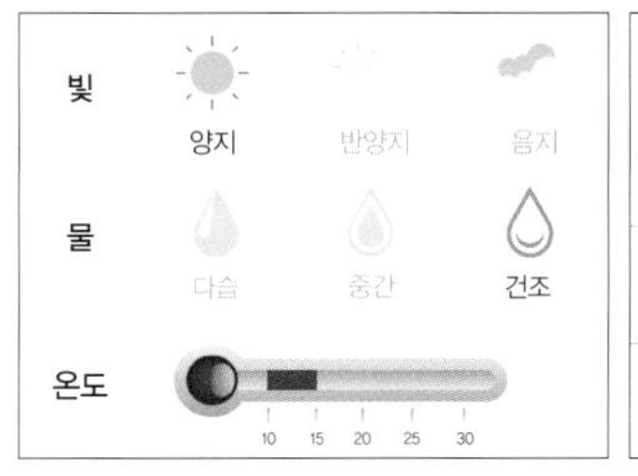

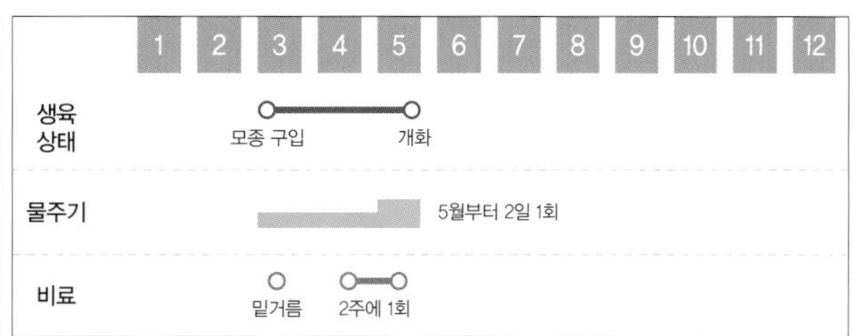

그림 8-3 | 팬지의 기르기 환경

3) 나팔꽃

7~8월 한여름 동틀 무렵 꽃이 피어 오후가 되면 지는 덩굴성 초화류로, 옮겨심기를 좋아하지 않으므로 본엽이 생기기 시작할 때 아주심기를 한다.

① **파종** 5월경 실내의 화분에 심어 주는데, 종자 껍질이 단단하므로 하룻밤 물에 담가두었다가 뿌리는 것이 좋다.

② **물주기** 5월에는 3일에 한 번, 6월부터는 2일에 한 번 주되 잎이나 꽃에 닿지 않도록 물을 주고 한여름에는 하루에 두 번 준다.

③ **비료주기** 5~6월까지는 2주에 한 번 정도 주었다가 장마가 끝나고 꽃봉오리가 달리기 시작할 때부터는 주 1회 정도로 자주 준다.

④ **기르기 순서** 5월 초순 종자뿌리기 → 5월 중순부터 햇빛 좋은 곳에 둔다. → 6월 덩굴줄기가 생기면 끈이나 철사로 유인한다. → 7~8월 꽃이 핀다. → 9월부터 종자를 모아 내년을 준비한다.

그림 8-4 | 나팔꽃의 기르기 환경

4) 코스모스

늦은 6월에 심으면 작은 키에 꽃이 피어 가을 도로변을 물들이는 대표적인 가을에 피는 화초이다. 꽃색은 주로 연분홍, 백색, 오렌지색으로 일찍 꽃이 피는 것은 7~8월에도 꽃을 볼 수 있다. 특별한 병은 없으나 여름철 너무 건조하면 진딧물이 발생하는 경우도 있다.

① **파종** 6월 전후로 화분에 종자를 심는다. 따뜻한 날씨에는 일주일이면 싹이 튼다.

② **물주기** 여름철 빛이 충분한 시기에는 매일 물을 준다.

③ **비료주기** 토양이 척박하지만 않으면 그다지 줄 필요가 없으나 생육상태가 좋지 않으면 희석한 액비를 준다.

④ **기르기 순서** 6월 전후 종자뿌리기 → 싹이 트고 본잎이 4장 정도 나오면 햇빛 좋은 곳에 심는다. → 8월 강한 비에 줄기가 굽지 않도록 지주를 세우거나 순을 자른다. → 9월 꽃이 핀다. → 9월 하순부터 종자를 모아 내년을 준비한다.

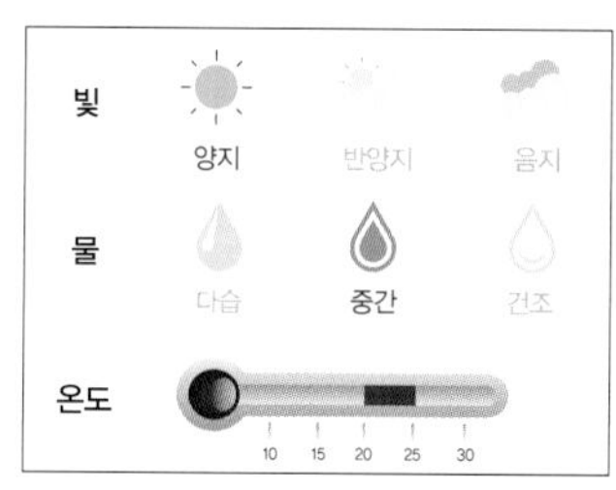

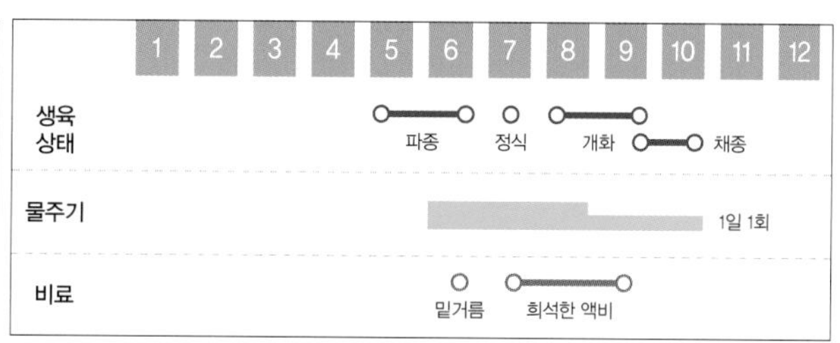

그림 8-5 | 코스모스의 기르기 환경

5) 봉선화

꽃은 그다지 화려하지 않으나 여름철 싱그러운 잎이 자라고 잎 사이에서 적색, 자색, 백색 등의 꽃이 피며 물을 무척 좋아한다. 꽃이 지면 방추형의 열매가 생기고 차츰 황록색으로 변하면서 그 안의 씨앗이 익어 간다.

① **파종** 5월에 화분에 심고 따뜻한 실내에 둔다. 본잎이 나오기 시작하면 실외의 반양지에 둔다.

② **물주기** 여름철 빛이 충분하면 매일 물을 준다.

③ **비료주기** 토양이 척박하지 않으면 비료가 필요없다.

④ **기르기 순서** 5월 종자뿌리기 → 싹이 트고 본잎이 나오면 실외에서 키운다. → 7월 밑에서부터 잎겨드랑이에 꽃이 피기 시작한다. → 여름에 너무 자랐을 때는 순지르기를 한다. → 9월부터 종자가 생기면 모아 내년을 준비한다.

그림 8–6 | 봉선화의 유사종

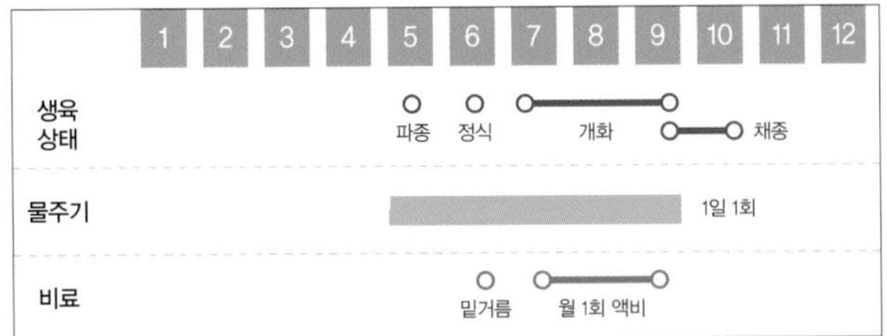

그림 8–7 | 봉선화의 기르기 환경

6) 샐비어

우리나라의 기후에 적합하여 어떤 장소에서도 기르기 쉬우며 봄에 씨를 뿌리면 여름부터 가을까지 붉은 색의 아름다운 꽃이 피는 한해살이 화초이다. 주로 모종을 구입하여 재배하는 것이 간편하며, 6~10월까지 꽃을 볼 수 있어 관상기간이 매우 길다.

① **광도** 더위에 강하기 때문에 빛이 많은 장소에서도 잘 자라고, 20℃ 정도의 온도에서 꽃색이 선명하고 형태도 아름답게 자랄 수 있다.

② **물주기** 여름철 햇빛이 좋은 곳에서는 매일 충분히 물을 준다.

③ **비료주기** 한 달에 한 번 정도 묽게 희석한 비료를 웃거름으로 주고, 특히 순지르기를 하고 난 다음에 주도록 한다.

④ **병해충** 여름철 고온 건조한 시기에 진딧물이 발생하면 잎에 물을 뿌려주거나 살충제를 뿌려 제거한다

⑤ **기르기 순서** 6월에 모종 구입 → 햇빛이 좋거나 반양지의 실외에서 키운다. → 8~9월경 꽃이 다 피었을 때에는 가능하면 빨리 순지르기하여 새로운 가지에서 꽃이 피도록 한다. → 비료를 주로 잘 관리하면 10월까지 꽃을 볼수 있다. → 11월 서리가 내리고 잎이 시들면 정리한다.

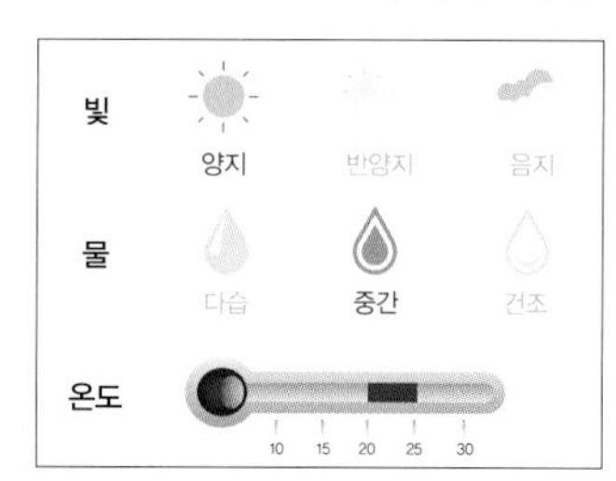

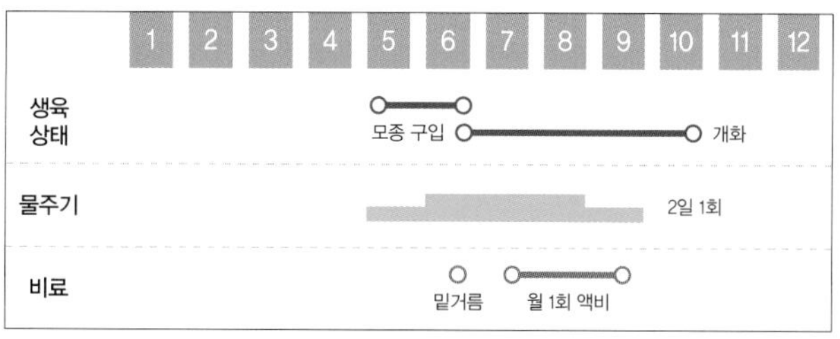

그림 8-8 | 샐비어의 기르기 환경

7) 페튜니아

관상기간이 5월부터 10월까지로 매우 길며 여름철 더위에도 강해 초여름 도로변이나 창가에서 흔히 볼 수 있는 초화류이다. 주로 모종을 구입하여 기르는 것이 편리하고, 삽목 번식이 가능하다.

① **광도** 빛을 매우 좋아하는 식물이므로 하루종일 직사광선이 비치는 장소에 두어야 꽃색도 선명하고 잘 자라난다.

그림 8-9 | 페튜니아의 한 종류인 사피니아
생육이 왕성하고 꽃이 많이 피어 최근 많이 이용하고 있다.

② **물주기** 여름철 빛이 충분한 시기에는 매일 물을 준다. 물을 줄 때에는 물이 직접 꽃에 닿지 않도록 주의하고 비가 올 경우에는 비에 맞지 않도록 가려주는 것이 좋다. 오랜 장마 동안 비를 맞으면 꽃잎이 상하고 곰팡이에 감염될 수 있으므로 주의한다.

③ **비료주기** 한 달에 두 번, 특히 8월 하순 새로운 줄기가 나올 때 비료를 준다.

④ **기르기 순서** 5월에 모종 구입 → 햇빛이 좋은 실외에서 키운다. → 6~7월 장마 때에는 비를 직접 맞지 않고 통풍이 좋으며 습하지 않은 곳에서 키운다. → 8월경 꽃이 다 피었을 때 줄기를 적당히 잘라 새로운 줄기를 내어 꽃을 본다. → 11월 서리가 내리고 잎이 시들면 정리한다.

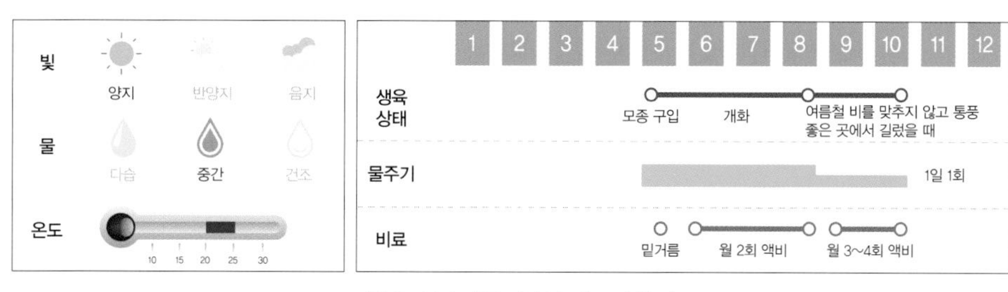

그림 8-10 | 페튜니아의 기르기 환경

1 준비물 : 배양토, 모종삽, 화분, 화분깔개, 비료, 모종, 물주개
2 비료를 넣고 모종의 뿌리에 닿지 않도록 흙을 살짝 덮는다.
3 모종의 뿌리가 상하지 않도록 조심해서 비닐 화분에서 꺼낸다.
4 모종과 화분 사이를 흙으로 채운다.
5 물이 화분 배수구에서 나올 정도로 충분히 준다.
6 비료가 부족한 상태에서 자란 페튜니아
7 장마 때 강한 비를 직접 맞은 페튜니아
8 비료를 충분히 주고 잘 관리한 페튜니아

그림 8-11 | 페튜니아 기르기

다년생 초화류

1 특징

한 번 씨를 뿌리거나 영양번식을 하면 2년 이상 꽃을 즐길 수 있는 초화류이다. 보통 겨울 동안에는 땅속의 뿌리 부분만 살아 있다가, 이듬해 봄이 되면 새싹이 자라서 해마다 꽃이 핀다.

원산지에 따라 추위에 강한 온대산 식물은 실외의 화단에서도 월동이 가능한 반면 열대산 식물은 추위가 시작되면 실내로 옮겨주는데, 온도만 맞으면 연중 꽃이 핀다. 번식 방법은 주로 꺾꽂이나 포기나누기를 이용한다.

그러나 일년생 초화류에 비해서 꽃이 그다지 화려하지 않고 주기적으로 적절한 관리를 해주어야 하며, 꽃이 피지 않는 계절에는 비교적 관상가치가 적다.

2 종류

실내에서 겨울을 보낼 수 있는지의 여부에 따라 다음과 같이 나눈다.

1) 화분재배

뉴기니아임파치엔스, 칼랑코에, 군자란, 제라니움, 아프리칸바이올렛, 시클라멘 등

2) 화단재배

옥잠화, 플록스, 루드베키아, 금계국, 도라지, 국화 등

3 기르기 실제

1) 군자란

실내에서 겨울을 지내는 대표적인 다년생 초화류로 잎과 주황색 꽃에서 군자다운 기품이 느껴진다. 빛이 강한 곳에서는 잎이 작아지고 윤기도 없어지므로 반음지에서 기르는 것이 좋다.

① **광도와 온도** 직사광선이 없고 통풍이 잘되는 장소에서 기른다. 초겨울 약 10℃에서 한 달 정도 실외에 두었다가 실내로 들이면 꽃대가 더욱 튼튼하게 잘 자란다.

② **물주기** 봄, 가을에는 표면 흙이 건조하면 물을 주고 겨울철에는 일주일에 1~2번 물을 준다.

③ **비료주기** 4~6월, 9월에 한 달에 2~3번 유기질 비료를 준다.

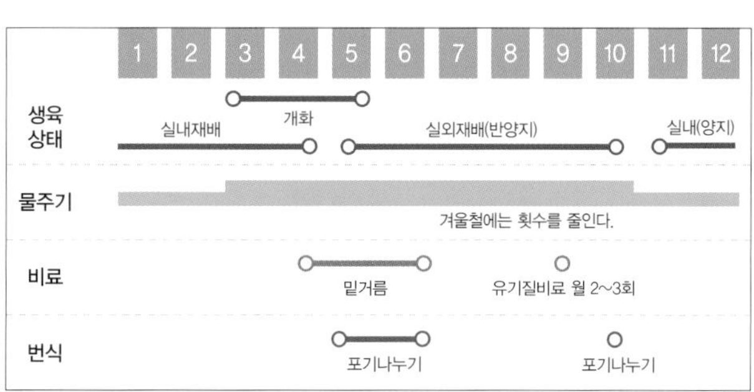

그림 8-12 군자란의 기르기 환경

2) 칼랑코에

줄기 위로 작고 많은 꽃이 피어나고 잎은 두꺼워 비교적 건조에 강한 다육식물이다. 낮의 길이가 짧은 시기에 꽃눈이 생기고 적색, 주황색, 분홍색, 노랑색 등의 다양한 꽃이 핀다. 빛이 많은 장소를 좋아하고 꺾꽂이 번식이 가능하다.

① **물주기** 흙 표면이 말랐을 때 주거나 혹은 일주일에 한두 번 물주기를 한다.

② **비료주기** 꽃이 피었을 때에는 비료를 주지 않는 것이 좋고 나머지 시기에는 한달에 한 번 액비를 준다.

③ **기르기 순서** 5월(혹은 10월)에 단일처리 되어 꽃이 핀 분화를 구입한다. → 10℃ 이상의 햇빛이 좋은 실내 혹은 반양지인 실외에서 키운다. → 가을에서 겨울에 걸쳐 온도가 10℃ 이상을 유지하면서 햇빛이 비교적 좋은 실내에 두면 이듬해 1월경 자연 개화하는 꽃을 볼 수 있다.

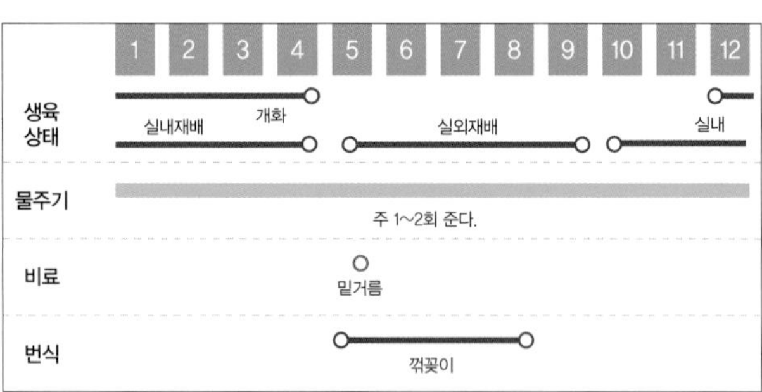

그림 8-13 | 칼랑코에의 기르기 환경

3) 아프리칸바이올렛

잎에 부드러운 솜털이 있고 잎이 두꺼우며 수분을 많이 함유하고 있다. 다양한 색의 꽃이 연중 피어 실내에 화려한 분위기를 줄 수 있는 다년초이다. 실내환경에서 잘 살고 잎꽂이로 쉽게 번식되며 화분에서 기르기에 매우 적합하다.

그림 8-14 | 다양한 아프리칸바이올렛의 꽃색

① **습도** 건조해지면 생장이 느리거나 잎이 변형되므로 최소한 65~75%의 습도를 유지해주어야 한다.

② **온도** 일반적인 실내 온도가 적당하지만 30℃ 이상 10℃ 이하가 되면 꽃을 피우기 어려워진다.

③ **빛** 직사광선에 매우 약해 한 여름에 몇 시간만 쬐어도 싱싱하던 잎이 누렇게 변하고 가장자리가 갈색으로 변하기도 한다. 따라서 여름에는 약간 그늘진 장소에서 키워야 하지만 겨울철에는 충분한 빛을 받들 수 있는 장소에 두어야 한다.

④ **토양** 식물체가 매우 가벼우므로 통기성이 좋은 가벼운 인공토양을 배양토로 이용하는 것이 좋다.

⑤ **물주기** 토양이 항상 습한 상태에서는 잘 자라나지 못하므로 7~10일에 한 번 정도 물을 준다. 물을 줄 때에는 잎에 물이 닿지 않도록 주어야 하는데 물이 닿으면 잎에 얼룩이 생기기 때문이다.

⑥ **비료** 한 달에 1~2회 액비를 준다

⑦ **번식** 잎이 무성한 식물은 잎자루 하나를 잘라 심어주게 되면 약 3주 후에 뿌리가 내리고 2개월 후면 새싹이 나온다.

⑧ **병해충** 지나친 저온이나 고온에 노출된 경우에는 황색반점의 증상이 나타난다. 화분에 물기가 지나치게 많거나 환기가 잘 되지 않는 경우에는 잎자루가 썩게 된다. 깍지벌레나 응애의 피해도 간혹 있는데 약제로 처리한다.

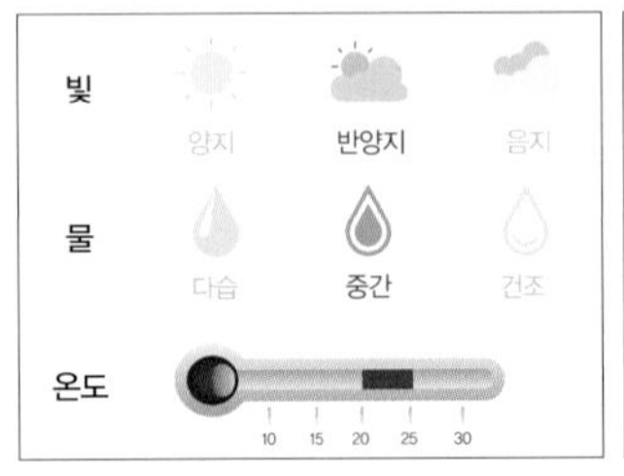

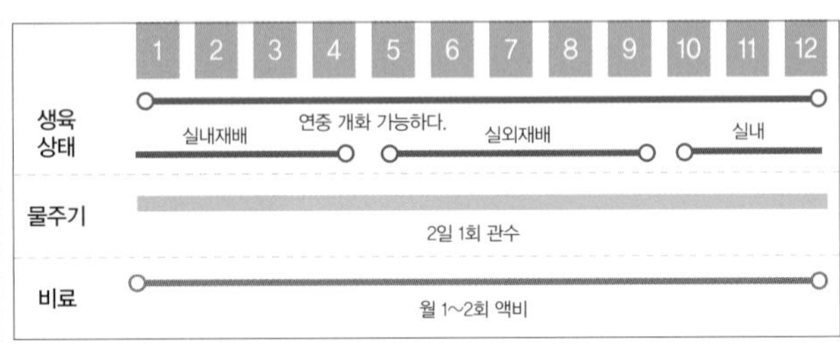

그림 8-15 아프리칸바이올렛의 기르기 환경

4) 옥잠화

추위에 강한 숙근초로 주로 노지에서 키운다. 넓게 퍼진 시원한 잎과 아름다운 꽃은 관상가치가 매우 높고, 잎에 무늬가 있는 품종은 꽃이 없어도 그 자체로 관상가치가 뛰어난 식물이다. 직사광선이 비치지 않는 밝은 곳이나 반음지와 통기성이 좋은 토양에서 생육이 좋고 포기나누기로 번식한다.

① **물주기** 반양지에서는 이틀에 한번 정도 물을 준다.

② **비료주기** 척박한 토양이 아니라면 그다지 필요하지 않지만 초봄이나 늦가을에 고형 복합비료를 주는 것이 좋다.

③ **기르기 순서** 5월에 분화 혹은 모종을 구입한다. → 반양지에 두고 키우면 8월에 약한 향기가 있는 하얀 꽃이 핀다. → 9월 중순 꽃이 지면 꽃대를 잘라준다. → 10월 하순 추워지면 잎이 시든다.

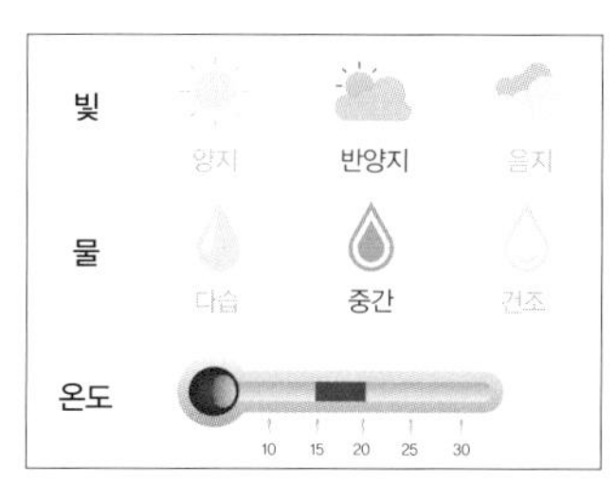

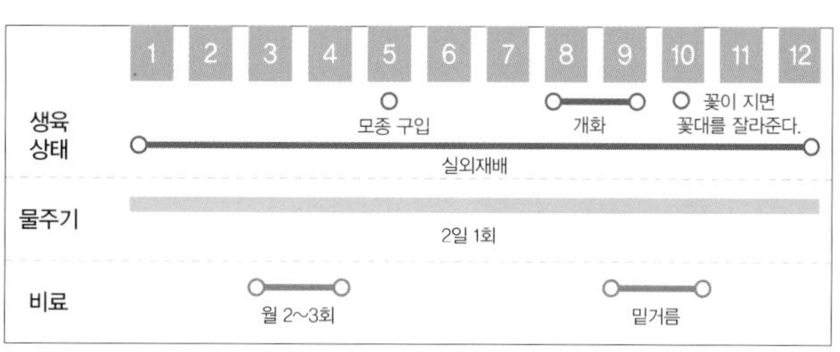

그림 8-16 | 옥잠화의 기르기 환경

5) 플록스

햇빛을 좋아하고 추위에 강해 화단에서 월동이 가능하다. 번식은 주로 포기나누기를 이용한다.

① **물주기** 여름철 빛이 강할 때에는 매일 물을 준다.

② **비료주기** 척박한 토양이 아니라면 그다지 필요하지 않고 화분에서 재배할 때는 한 달에 한 번 정도만 준다.

③ **기르기 순서** 5월에 분화 혹은 모종을 구입한다. → 양지에 두고 키우면 7월부터 꽃이 피기 시작하여 9월까지 유지된다. → 습할 때에는 백분병에 유의한다. → 10월 하순 추워져 잎이 시들면 줄기를 밑에서 잘라준다.

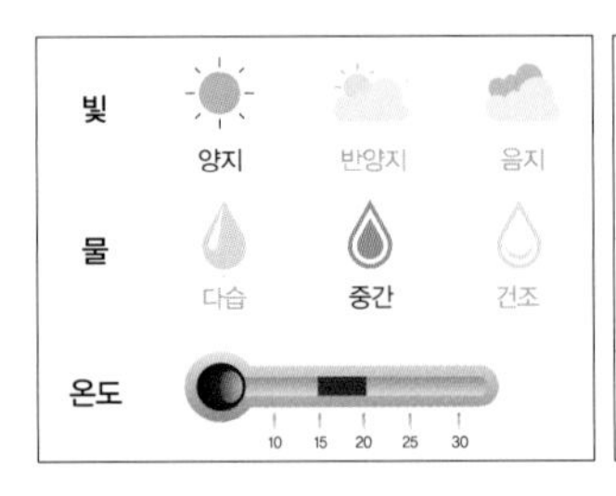

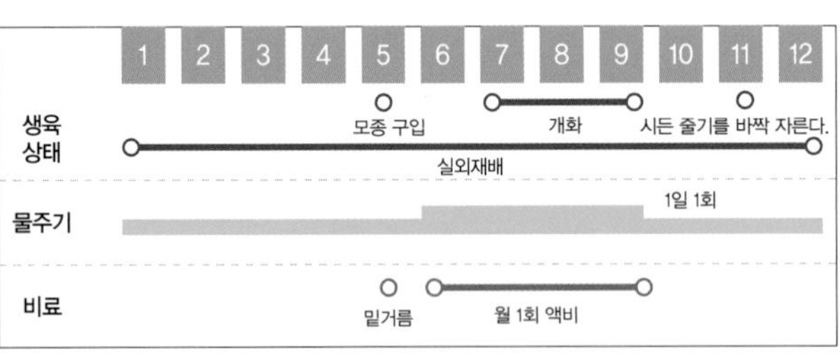

그림 8-17 | 플록스의 기르기 환경

알뿌리식물

알뿌리식물은 다년생 초화류의 한 종류로서 식물체의 잎이나 줄기, 뿌리 중의 일부가 지하에서 비대하여 알뿌리 모양을 하고 있는 초화류를 말한다. 이들 알뿌리는 양분의 저장기관으로, 꽃을 피우는 데 필요한 양분을 가지고 있을뿐더러 번식에 이용되기도 한다.

1 알뿌리식물의 종류

1) 비대 형태에 따른 종류

① 인경(비늘줄기)

줄기가 짧고 잎이 비대한 인편 형태의 알뿌리를 가진 식물로서 튤립, 아마릴리스, 히아신스와 같은 유피인경(외부 인편이 말라 한겹의 막이 된 것)과 나리와 같은 인편상 인편(외부 인편 없이 다만 인편이 겹쳐 있는 것)이 있다.

② 괴경(덩이줄기)

껍질이 없는 상태로 줄기가 비대해진 것으로 감자, 아네모네, 카라, 원추리 등이 있다.

③ 구경(알줄기)

줄기가 비대해져서 알뿌리 모양이 된 것으로 글라디올러스, 프리지어, 크로커스 등이 있다.

④ 근경(뿌리줄기)

줄기가 땅속으로 들어가 다소 비대해진 것으로 아이리스, 칸나 등이 있다.

⑤ 괴근(덩이뿌리)

뿌리가 덩이모양으로 비대해진 것으로 고구마, 다알리아 등이 있다.

아네모네

크로커스

시클라멘

거베라

프리지어

글라디올러스

그림 8-18 | 알뿌리식물의 종류

2) 심는 시기에 따른 종류

심는 시기는 저온적응성 정도와 원산지에 따라 분류할 수 있다.

① 봄에 심는 알뿌리

봄에 심어 여름이나 가을에 꽃이 피는 알뿌리식물로 꽃이 진 후 알뿌리를 저장한다. 열대지방이 원산지이고, 비교적 높은 온도를 거쳐야 쉽게 개화하는 종류로 칸나, 다알리아, 글라디올러스, 아마릴리스 등이 있다.

원추리 아마릴리스

나리 작약

독일붓꽃 히아신스

그림 8-19 알뿌리식물의 종류

② 가을에 심는 알뿌리

가을에 심어 봄에 꽃이 피는 알뿌리식물로 여름에 알뿌리를 수확한다. 온대지방 원산으로 대개 낮은 온도를 거침으로써 개화하거나 개화가 촉진되는 종류로 시클라멘, 튤립, 수선화, 아네모네 등이 있다.

2 기르기에 적합한 환경

1) 적당한 장소

빛이 잘 들고 따뜻한 장소면 어느 곳이든 적합하며, 보통 물빠짐이 좋은 토양이 적당하나 개개의 식물에 따라 수분요구도가 다르므로 특성에 맞는 장소와 토양을 선택해야 한다.

2) 비료주기

비료를 밑거름으로 넣고 그 위에 흙을 덮은 뒤 알뿌리를 심어 비료가 직접 닿지 않도록 한다.

3) 알뿌리 캐기

가을에 심은 알뿌리는 대부분 화단에서 월동이 가능해 3~4년간 그대로 두어도 된다. 그러나 봄에 심는 알뿌리는 겨울철 추위에 약하므로 반드시 가을에 알뿌리를 캐어서 5~10℃ 정도 되는 장소에 저장했다가 봄에 다시 심어주어야 한다.

4) 병해충

알뿌리식물에 가장 흔하게 나타나는 병은 알뿌리가 썩게 되는 연부병이다. 연부병의 원인은 고온다습과 질소비료를 과다하게 주었을 때이므로 환경을 적절히 유지하여 사전에 미리 예방하도록 한다.

3 기르기 실제

1) 칸나

봄에 심는 알뿌리식물로 6~10월에 다양한 색상의 꽃이 핀다. 주로 화단, 도로변에 심으며 크고 넓은 잎도 관상가치가 있다.

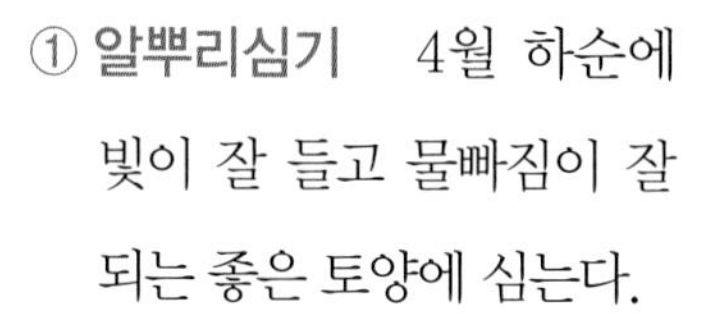

① **알뿌리심기** 4월 하순에 빛이 잘 들고 물빠짐이 잘 되는 좋은 토양에 심는다.

② **비료주기** 유기질비료를 밑거름으로 주고 꽃이 피는 동안에는 한 달에 한번 액비를 준다.

③ **수확 및 저장** 서리가 내리기 전에 알뿌리를 캐어 소독하고 3~4일 간 잘 말린 뒤 실내에서 저장한다.

④ **병해충** 병해충은 거의 없으나 모자이크 바이러스에 감염되기도 한다.

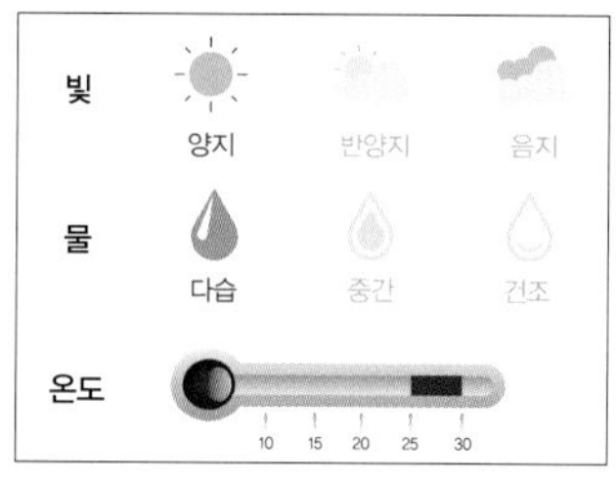

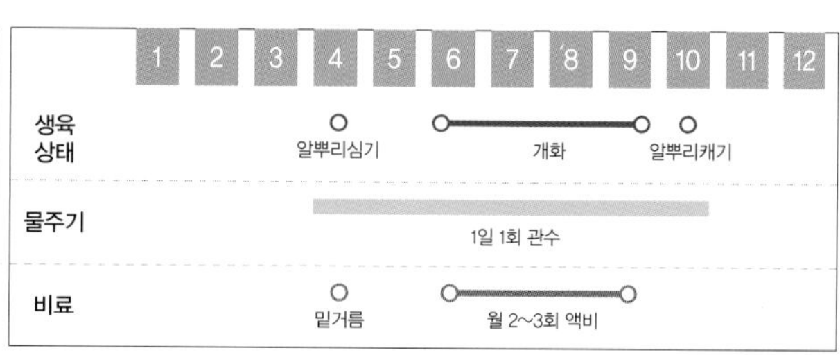

그림 8-20 | 칸나의 기르기 환경

그림 8-21 | 칸나의 기르기

1 곰팡이가 없고 건실한 칸나 알뿌리를 준비한다.
2 준비물 : 알뿌리, 배양토, 화분, 화분깔개, 비료, 모종삽, 물주개
3 화분에 화분깔개를 놓고 배양토를 반 정도 채운다.
4 유기질비료를 넣고 알뿌리에 닿지 않도록 흙으로 덮는다.
5 알뿌리의 깊이만큼 심고 흙으로 화분을 채운다.
6 화분 밑의 배수구에서 물이 나올 정도로 물을 충분히 준다.
7 흙 표면에 나오는 잡초을 제거해준다.
8 잡초제거와 함께 비료를 주어 식물의 생육을 돕는다.
9 화분 밑의 배수구에서 물이 나올 정도로 물을 충분히 준다.
10 아름답게 핀 붉은 칸나의 꽃을 감상한다.
11 가을이 되어 잎이 시들면 알뿌리를 캔다.
12 알뿌리에서 나온 잎줄기를 잘라 깨끗하게 정리한다.
13 깨끗이 정리된 알뿌리의 모습
14 희석된 락스액으로 소독한다.
15 이듬해 봄 심기 전까지 수태에서 보관한다.

2) 다알리아

봄에 심는 알뿌리식물로 6~10월에 다양한 색상의 꽃이 핀다. 주로 화단, 도로변에 심으며 크고 넓은 잎도 관상가치가 있다.

① **비료주기** 비교적 비료를 좋아하는 식물이므로 심을 때 유기질 비료를 밑거름으로 주고 한 달에 1~2회 추가로 액비를 준다.

② **수확 및 저장** 11월 초순에 알뿌리를 파내어 깨끗이 씻고 충분히 말린 후 30cm 아래의 땅속에 묻어준다.

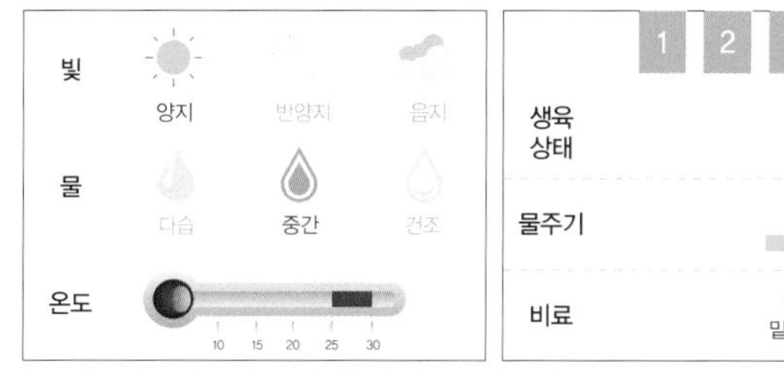

	1	2	3	4	5	6	7	8	9	10	11	12
생육 상태				알뿌리심기			개화				알뿌리캐기	
물주기											1일 1회 관수	
비료			밑거름	월 1~2회 액비								

그림 8-22 다알리아의 기르기 환경

3) 수선화

새봄을 알리는 꽃으로 새해 장식용 식물로도 많이 이용한다. 추위에 강해 실외에서 겨울을 나도 시들지 않고 빛이 충분한 곳에서 잘 자란다. 최근에는 화단재배보다는 분재배로 현관이나 베란다에 놓아 감상한다.

① **비료주기** 심을 때 밑거름을 주고 그 뒤 한 달에 2~3번 액비를 준다.

② **수확 및 저장** 시든 꽃은 잘라내고 장마철에 잎이 상하지 않게 잘 관리하여 땅속의 알뿌리를 굵게 키운다. 6월 하순에 알뿌리를 파내어 물로 씻고 벤레이트(1000배액에 30분)나 락스와 같은 살균제에 담가 소독한다. 저장한 알뿌리는 다시 9월 중순에서 10월 사이에 심는다.

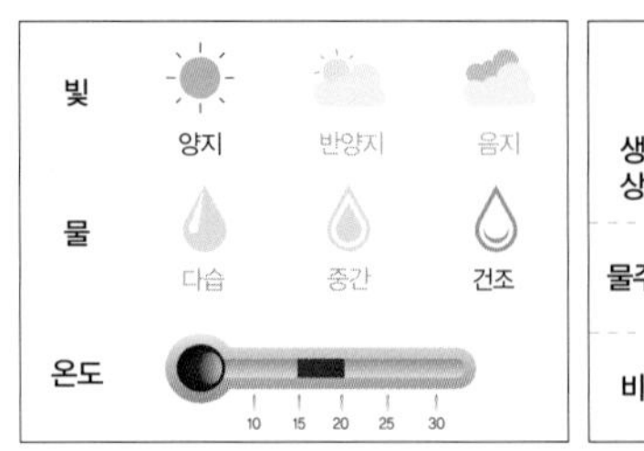

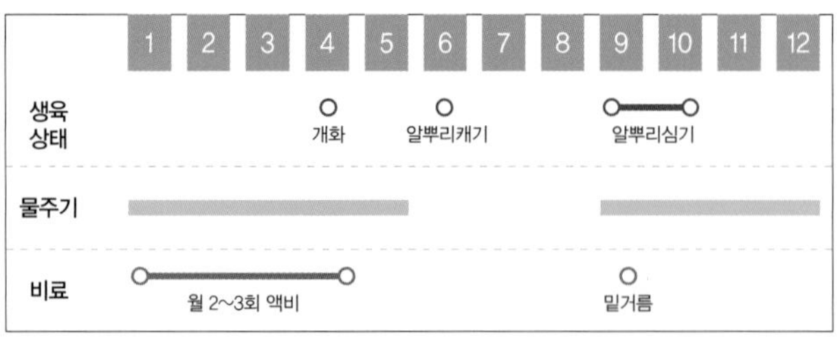

그림 8-23 | 수선화의 기르기 환경

4) 튤립

가을에 알뿌리를 심어 봄철 화단을 장식하는 식물이다. 잎이 나기 시작하는 3월부터 물을 충분히 주어야만 꽃대가 잘 자라고 건강한 꽃이 핀다.

① **비료주기** 알뿌리를 심을 때 밑거름을 주고 월 2~3회 정도 웃거름으로 액비를 준다.

② **수확 및 저장** 꽃이 진 후 꽃대를 잘라내고 그대로 두었다가 6월에 잎이 누렇게 되면 잎을 잘라내고 알뿌리를 파내어 그늘에서 말린다.

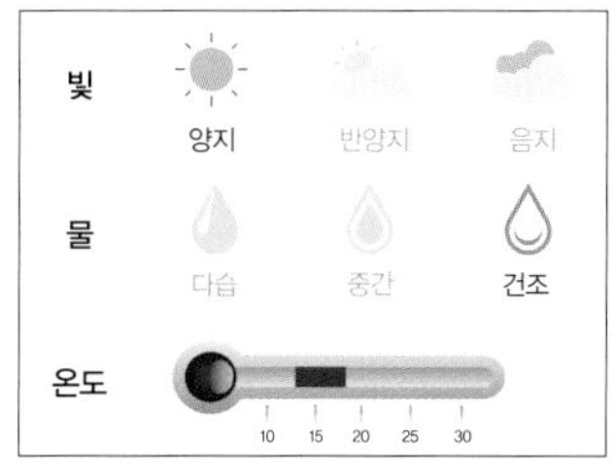

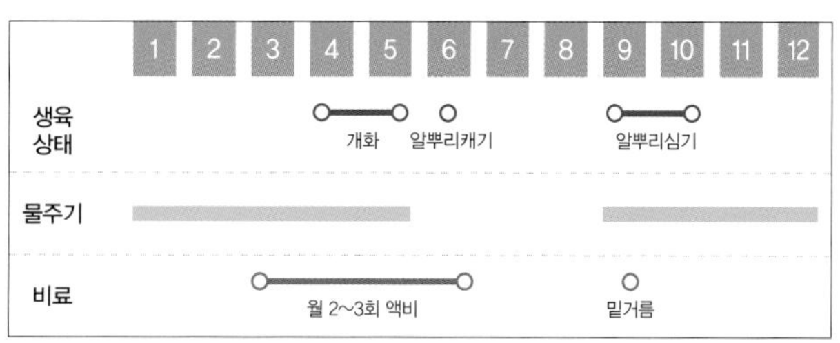

그림 8-24 | 튤립의 기르기 환경

야생화류(자생식물)

1 야생화

산이나 들에 자연 상태로 발생하여 생육되고 있는 모든 식물을 말하며, 우리나라의 독특한 환경조건에 잘 적응하고 우리의 정서에도 잘 어울리는 식물이라 할 수 있다.

2 특징

야생화는 산야에 흔히 널려 있는 단순한 잡초로 인식하기 쉬우며 소박한 자연미를 풍긴다.
화려한 원예종에 익숙하기 때문에 야생화의 가치를 깨닫지 못할 수도 있으나 우리의 자생식물이 외국에서 개량되어 우리나라로 역수입되는 경우도 있다.
야생화는 보통 개화기가 짧고 비료의 요구도가 적으며 대부분 다년생 초본식물이다. 몇몇 1년생 식물도 있지만 이들은 자연상태에서 종자가 잘 맺히며 종자 스스로 땅속으로 떨어져 다음해에도 계속 생육하기 때문에 관리가 편리하다.

3 기르기 방법

1) 기르기 쉬운 야생화

① 주위에서 많이 기르고 있는 야생화를 선택한다.

꽃의 모양이 독특하고 희귀식물이라고 하여 일반 기후에 적합하지 않은 고산지대나 특수한 기후조건을 필요로 하는 식물을 선택하는 것은 바람직하지 않다.

새로운 환경에도 적응력이 강하고 관리하기가 간단한 주변에서 많이 기르고 있는 식물을 택하는 것이 좋다.

② 비료를 적게 요구하는 식물을 선택한다.

토양이 비옥하지 않으면 생육이 불량하고 개화도 잘 되지 않는 식물이 있으므로 가능한 한 비료를 많이 주지 않아도 잘 자라는 식물을 선택한다.

③ 실내에서 기를 경우에는 번식력이 지나치게 왕성한 식물은 피한다.

실내의 한정된 공간에서 지나치게 생육이 왕성해 가지치기나 포기나누기 등의 손이 많이 가는 식물은 자칫 관리가 소홀하면 지저분한 인상을 줄 수 있다.
그리고 주변의 화분까지 뻗어 나가 양분과 수분을 빼앗을 수 있으므로 기르기에 불편함을 줄 수 있다.

돌단풍 전경 | 돌단풍잎 | 돌단풍꽃 | 무늬둥굴레
동의나물꽃 | 동의나물 전경 | 복주머니꽃 | 왕새우란
설앵초 | 앵초 | 우산나물 | 은방울꽃

그림 8-25 | 우리꽃 야생화

④ 적당한 크기의 식물을 선택한다.

키가 큰 식물은 줄기가 쉽게 꺾이거나 지주를 세워야 하는 번거로움이 있으므로 적당한 크기의 식물을 선택한다.

⑤ 가정에서 기르기 적합한 종류

돌단풍, 동의나물, 둥굴레, 복주머니꽃, 앵초류, 새우란류, 우산나물, 은방울꽃, 제비꽃류, 천남성, 금낭화, 금불초, 붓꽃류, 까치수영, 꿀풀, 노루귀, 동자꽃, 물레나물, 산괴불주머니, 기린초류, 솜다리, 약모밀, 양지꽃류, 엉겅퀴, 자란, 족도리풀, 좁쌀풀, 처녀치마, 초롱꽃, 패랭이꽃, 피나물, 하늘매발톱꽃, 할미꽃 등

그림 8-26 | 우리꽃 야생화

2) 야생화의 종류에 따른 번식 방법

① 꺾꽂이(삽목)

– 줄기꽂이(경삽) : 감국, 구절초 등 대부분의 국화과 식물, 기린초

– 잎꽂이(엽삽) : 돌나물, 꿩의비름, 바위솔 등의 다육식물

– 뿌리꽂이(근삽) : 노루귀, 둥굴레, 약모밀, 윤판나물 등

② 포기나누기(분주) 앵초, 매발톱꽃, 원추리, 초롱꽃 등

③ 알뿌리나누기(분구) 피나물, 홀아비바람꽃, 개구리갓, 새우난초 등

④ 휘묻이(취목) 괭이밥, 벌깨덩굴, 광대나물, 금창초 등

⑤ 포자 번식 쇠고비, 도깨비고비, 쇠뜨기 등

그림 8–27 | 우리꽃 야생화

4 기르기 실제

1) 금낭화

추위에 강한 숙근초로 햇빛을 좋아하므로 빛이 많이 드는 장소에서 화단이나 화분재배로 키운다. 번식은 주로 포기나누기를 이용하지만 꽃이 진 후에 꺾꽂이를 이용할 수 있으며, 종자번식도 가능하여 번식이 매우 잘된다.

① **물주기** 여름철 햇빛이 좋을 때에는 이틀에 한 번 정도 물을 주고 봄, 가을에는 흙 표면이 건조해졌을 때만 물을 준다.

② **비료주기** 아주 척박한 토양이 아니라면 그다지 비료를 줄 필요는 없다.

③ **기르기 순서** 4월 중순에 모종을 구입한다. → 양지에 두고 키우면 5월에 꽃이 줄기 밑에서부터 계속 핀다. → 꽃이 모두 피어 잘라주면 밑의 잎겨드랑이에서 새순이 나오는데 이것을 잘라 꺾꽂이한다. → 10월 하순까지 반양지에 둔다. → 10월 추워지면 잎이 시든다.

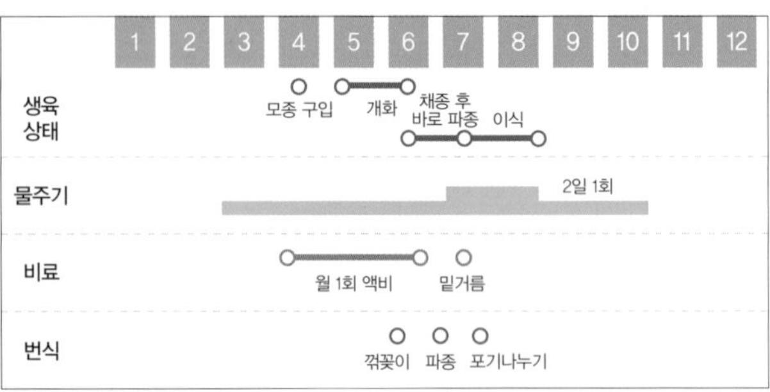

그림 8-28 금낭화의 기르기 환경

2) 구절초

추위에 강한 숙근초로 빛이 강한 장소에서 잘 자라므로 화단에서 기르기에 매우 적합한 식물이고 화분재배도 가능하다.

① **물주기** 여름철 햇빛이 좋을 때에는 이틀에 한번 정도 물을 주고, 봄, 가을에는 흙 표면이 건조해졌을 때에만 물을 주면 된다.

② **비료주기** 아주 척박한 토양이 아니라면 그다지 비료를 줄 필요는 없다.

③ **기르기 순서** 5월에 모종을 구입한다. → 양지에 두고 키운다. → 늦여름까지 순지르기를 하면서 자른 줄기를 꺾꽂이하면 키가 아담한 꽃을 볼 수 있다. → 10월에 연분홍빛의 하얀 꽃이 핀다. → 꽃이 지면 줄기를 잘라 종자를 모은다.

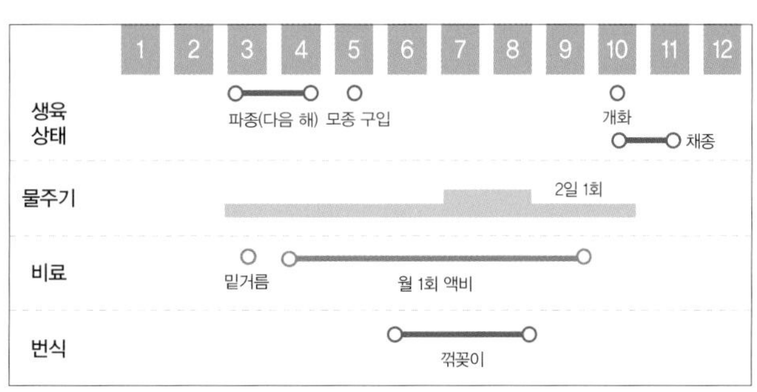

그림 8-29 구절초의 기르기 환경

3) 매발톱꽃

추위에 강한 숙근초로 화단이나 화분에서 키운다. 햇빛이 잘 드는 곳에서 길러야 하며 주로 종자로 번식한다.

그림 8-30 | 하늘매발톱꽃

① **물주기** 여름철 햇빛이 좋을 때에는 이틀에 한번 정도 물을 주고, 봄, 가을에는 흙 표면이 건조해졌을 때만 물을 주면 된다.

② **비료주기** 아주 척박한 토양이 아니라면 그다지 비료를 줄 필요는 없다.

③ **기르기 순서** 4월 중순에 모종을 구입한다. → 양지에 두고 키우면 5월 꽃이 핀다. → 꽃잎이 진 후 씨방이 위를 향한 후 노랗게 변하면 종자를 채취한다. → 이후 10월 하순까지 반양지에 둔다.

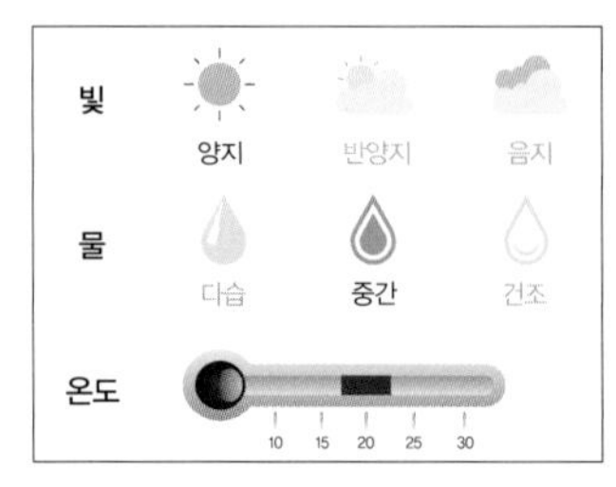

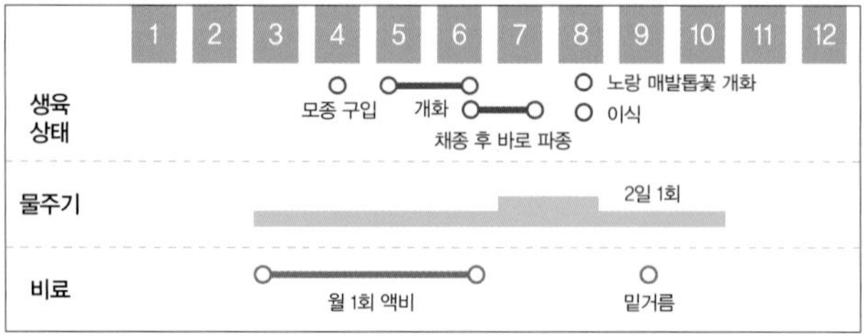

그림 8-31 | 매발톱꽃의 기르기 환경

원 예 이 야 기

반엽식물

식물의 잎은 보통 녹색이지만, 두 가지 색 이상의 다른 부분이 존재(키메라: chimera)하여 아름다운 모양을 나타내는 식물을 반엽식물(斑葉植物, variegated plant)이라고 한다. 일반적으로 잎에 나타나지만 꽃잎이나 줄기 등 다양한 부분에서 나타나는 것도있다.

또한 자연상태에서 보이는 경우도 있지만 주로 재배시에 나타나는 경우도 많은데, 관상가치가 높고 희귀성으로 인해 원예식물로서 널리 재배되고 있다.

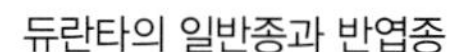

듀란타의 일반종과 반엽종

관음죽의 일반종과 반엽종

러브체인의 일반종과 반엽종

싱고니움의 다양한 반엽종

반엽식물은 종자번식으로 유전되지 않으므로 많은 개체를 얻기 위해서는 꺾꽂이나 포기나누기와 같은 영양번식을 해야 한다. 반엽식물은 반엽 부분의 위치에 따라 ① 잎 가장자리, ② 잎의 중앙 부분, ③ 잎 전체에 점 모양, ④ 잎의 중앙맥에서 가장자리에 걸쳐, ⑤ 잎의 세로로 잎맥을 따라 긴 반엽이 들어간 경우로 나눌 수 있다.

벤자민고무나무의 일반종과 반엽종

쉐플레라의 일반종과 반엽종

아이비의 다양한 반엽종

화목류 기르기

화목류는 꽃이나 잎, 가지, 열매가 계절마다 변화하기 때문에 우리에게 계절감을 제공하여 보는 즐거움을 준다. 일반 초화류처럼 물주기나 빛, 온도 조절 등에 많은 신경을 쓰지 않아도 되는 장점이 있으나, 처음에 환경조건이 적당한 위치를 잘 잡아서 심어주지 않으면 생육이 불량해지며 다시 옮겨심기도 쉽지 않으므로 주의해야 한다.

일반적으로 수형을 아름답게 하고 충실한 꽃이나 열매를 맺게 하기 위해서는 전정 관리가 필수적이다.

화목류의 종류

1 관상 부위에 따른 종류

1) 교목(喬木, 큰 나무)

① 꽃 : 백목련, 매화나무, 배롱나무 등

② 잎 : 단풍나무, 소나무, 향나무 등

③ 열매 : 모과나무, 꽃사과나무 등

2) 관목(灌木, 작은 나무)

① 꽃 : 장미, 라일락, 철쭉, 수국, 개나리, 모란, 등나무 등

② 잎 : 사철나무, 회양목, 남천 등

③ 열매 : 코토네아스터, 피라칸사 등

2 기르는 장소에 따른 종류(중부지방을 기준으로)

1) 실내화분

수국, 치자나무, 동백나무, 일부 추위에 약한 철쭉류 등

2) 실외정원

백목련, 장미, 등나무, 라일락, 향나무, 철쭉류 등

기르는 방법

1 심는 시기

대부분의 화목류는 꽃이 진 후에 옮겨 심는 것이 좋다. 봄에 꽃이 피는 화목류는 잎이 떨어지고 난 뒤의 가을에서 초겨울 사이 즉, 한겨울 추위가 오기 전에 옮겨 심는 것이 가장 좋다.

2 위치

식물이 좋아하는 환경조건을 먼저 파악한 후에 적합한 위치를 선정한다. 보통 키가 큰 나무는 뒤쪽으로 심고, 키가 작은 식물을 앞으로 내어 심어 서로 가리지 않도록 주의한다.

3 심는 방법

식물의 뿌리 크기보다 조금 넓게 구덩이를 판 뒤 먼저 바닥에 퇴비 등의 비료를 넣고 뿌리에 비료가 직접 닿지 않도록 그 위에 흙을 덮은 다음 나무를 심는다.

단풍나무(교목)

라일락(관목)

그림 9-1 | 화목류의 종류

화목류의 관리

1 가지치기

1) 가지치기해야 하는 경우

① 웃자란 가지

② 병해충를 입은 가지

③ 서로 얽히거나 겹쳐진 가지

④ 안쪽으로 뻗은 가지

⑤ 바닥에서 나온 가지

⑥ 가지의 수가 너무 많은 경우

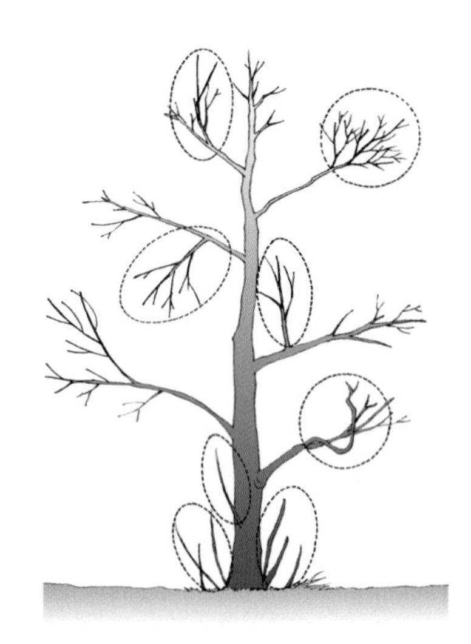

그림 9-2 | 가지치기해야 하는 경우

2) 가지치기 방법

위, 옆, 아래의 순서로 가지를 잘라내는 것이 좋다. 굵은 가지는 2~3번 나누어 자른다. 가지를 자른 후 수형이나 꽃이 피고 열매 맺힐 것을 고려하여 가지치기 한다.

3) 가지치기 시기

꽃이나 잎이 지고 난 후에 가지를 치는 것이 좋으며 식물에 따라 늦가을에서 이른 봄 사이나 초가을에서 가을 사이에 한다.

2 겨울철의 관리

어린나무나 추위에 약한 종류의 경우에는 줄기를 짚으로 감아주거나 짚을 깔아 추위를 막아준다.

3 대표적인 화목류

1) 수국

5월에 뿌리에서 가지가 올라와 7월에 꽃이 핀다. 5월부터 10월까지는 햇빛이 좋은 밖에 두고 키우는 것이 좋다. 11월 실내로 들여놓기 전에 가지의 밑을 바짝 자르고 0℃ 전후의 실내에 두어 겨울을 보낸다.

우리나라에서 자생하는 산수국은 중부지방의 실외에서도 키울 수 있고, 남부지방에서는 원예종 수국도 실외에서 기를 수 있다. 수국은 5월 중순에서 6월 상순 꺾꽂이로 쉽게 번식시킬 수 있다. 또한 수국은 물을 좋아하므로 특히 여름철에 관수에 유의해야 하나, 병해충의 발생이 거의 없어 비교적 쉽게 기를 수 있다.

그림 9-3 | 우리나라 자생의 산수국

그림 9-4 | 수국의 꽃색은 토양의 산성도에 따라 달라지는데 산성에서 파란색 꽃이 핀다.

2) 치자나무

중부지방에서는 5~10월까지 햇빛이 좋은 밖에서 화분상태로 키우다가 11월부터 4월까지는 0℃ 이상의 실내에서 기른다. 그러나 남부지방에서는 실외에서 기를 수도 있다.

꽃봉오리가 너무 많이 달린 상태에서 햇빛이 좋은 곳에 두면 잎맥 사이가 황화되는 경우가 있는데 이때에는 비료를 충분히 주어야 한다. 잎만 너무 무성하면 꽃이 잘 피지 않으므로 가지 안쪽의 잎들은 따주는 것이 좋다. 치자나무는 꺾꽂이로 쉽게 번식시킬 수 있다.

그림 9–5 | 남부지방에서 화단에 심고 있는 홑꽃 치자나무

그림 9–6 | 치자나무 열매

그림 9–7 | 중부지방에서 화분으로 재배하는 겹꽃 치자나무

3) 동백나무

우리나라 남부, 중국, 일본에 자생하는 상록성 교목(常綠性喬木)으로 −10℃ 이하로 내려가는 중부지방에서는 주로 겹꽃의 원예종이 분화로 이용된다. 6월 하순에서 7월 중순경 그해 자란 잎이 2~3장 붙은 가지를 잘라 꺾꽂이하여 번식한다.

11월에 화분을 실내에 두고 기르면 2~3월에 화려한 꽃을 볼 수 있다.

그림 9–8 | 애기동백

그림 9–9 | 동백나무 열매

그림 9–10 | 자생종 동백나무(왼쪽)와 원예종 동백나무(오른쪽)

4) 철쭉류

자생하는 종류로는 산철쭉과 철쭉나무, 진달래가 있는데 비교적 척박하고 건조한 곳에서도 잘 자라 화단에서 널리 이용하고 있다. 원예종으로는 영산홍(*Rhododendron x obtusum*), 왜철쭉(*R. indicum*), 심스아잘레아(*R. simsii*), 왕자색철쭉(*R. x pulchrum*) 등이 대표적인데, 추위에 약한 편이어서 중부지방에서는 화분으로 많이 기르지만 영산홍은 화단에도 많이 심고 있다. 보통 4~5월에 꽃이 피지만, 11월부터 실내에 들여놓고 따뜻하게 기르면 1~2월에도 꽃을 볼 수 있다. 꽃피기 전후로 묽은 액체비료를 2주에 한번 정도 주는 것이 좋다.

그림 9-11 | 철쭉류의 잎 비교
왼쪽부터 진달래, 산철쭉, 철쭉나무, 영산홍

그림 9-12 | 자생하는 철쭉류(개화 순서에 따라 왼쪽부터 진달래, 산철쭉, 철쭉나무)

그림 9-13 | 다양한 꽃색을 가진 영산홍의 품종

그림 9-14 | 남부지방에서 화단에 심거나 분화로 기르는 왜철쭉
(왼쪽의 영산홍이 지고 난 한참 후에 왜철쭉[오른쪽]이 핀다.)

그림 9-15 | 초봄 분화로 많이 유통되는 심스아잘레아

그림 9-16 | 왕자색철쭉과 그 품종

5) 백목련

3월 말에서 4월에 걸쳐 봄을 알리는 흰색의 꽃과 시원스런 큰 잎 등 중부지방에서 가장 널리 이용되고 있는 화목류로 병해충에 매우 강하다.

3월 산목련에 접붙인 묘목을 구입하여 양지바른 곳에 심는다. 유사종으로 자목련과 일본목련, 함박꽃나무가 있으며, 자연수형이 단아하므로 별다른 전정 관리는 필요없다.

그림 9-17 | 백목련의 꽃과 잎, 열매

그림 9-18 | 제주도에 자생하는 목련

그림 9-19 | 자목련

그림 9-20 | 일본목련

그림 9-21 | 전국에 자생하는 함박꽃나무

6) 장미

그림 9-22 | 탐스럽게 핀 화단용 장미는 향기가 풍부하다.

5~6월에 걸쳐 화려한 꽃이 피며, 화단용 장미는 꽃이 진 후 적절히 전정해 주면 9월에 다시 한 번 꽃이 핀다. 장미는 3월 찔레에 접붙인 묘목을 구입하여 양지바른 곳에서 기른다.

화단용 장미는 6월 꽃이 진 후 바로 밑의 눈에서 5cm 위를 잘라 새로 나온 가지를 충실히 키우면 9월에 다시 한 번 꽃을 볼 수 있다. 덩굴장미의 경우 웃자란 가지의 전정과 유인에 주의해야 한다.

다소 서늘하고 다습할 때에는 흰가루병, 고온다습한 여름에는 잎에 흑반병이, 해충은 진딧물과 응애의 발생에 유의한다.

화단용 장미는 비교적 추위에 약한 식물이므로 겨울을 나기 전에 짚이나 흙으로 덮어 준다.

그림 9-23 | 화단용 장미보다 다소 늦은 5월말부터 많은 꽃이 피는 덩굴장미는 보통 향기가 없거나 적다.

그림 9-24 | 중부지방에서는 11월에 가지를 자른 후 짚으로 감싸주는 것이 좋다.

7) 향나무

중부지방에서 겨울철에 푸르름을 유지하는 침엽수로 맹아력이 좋아 전정하면 쉽게 다양한 모양으로 가꿀 수 있다. 잎색이 밝은 가이즈까향나무(나사백)가 많이 이용되고 있다. 향나무는 모과나무나 꽃사과나무와 같은 장미과 식물에서 발생하는 적성병(赤星病, 붉은별무늬병)의 겨울포자 숙주이므로 장미과 화목류와 같이 심지 않는다.

그림 9-25 | 향나무(조선시대에는 만년송으로 불리웠음)

그림 9-26 | 눈향나무

그림 9-27 | 둥근향나무

그림 9-28 | 가이즈까향나무

그림 9-29 | 향나무로 가득 찬 중부지방의 한 정원

원예이야기

화목류의 개화 순서

봄은 누구에게나 꽃과 함께 시작된다. 길가에는 팬지나 프리뮬러의 노란꽃이 피어 있고...... 그러나 초본성 원예식물은 기르는 이에 따라 제각각 꽃을 피운다.

풍년화(3월 초순). 아직 밖은 추운데 성급하게도 노란 작은 꽃이 핀다.

우리 주변에는 매년 동일한 시기에 피어 계절감을 불러 일으키는 식물이 있다. 바로 꽃나무가 그렇다. 특히 우리나라와 같은 온대지방의 경우 겨울철 잠을 자다 봄에 깨어나는 순서가 식물에 따라 정해져 있다. 따라서 언제나 봄날은 가지만 봄은 다시 올 것이라는 확신을 우리는 바로 이 꽃나무들을 통해서 알 수 있다. 그들을 따라 봄으로 가보자.
다음의 만개기(滿開期)는 대전 이북의 중부지방을 기준으로 하였으므로 남부지방은 이보다 일주일 이상 빠르다. 또한 같은 지방이라 하더라도 대개 햇빛이 좋은 건물 남쪽에 있는 나무들이 먼저 꽃 피므로 일주일 정도를 가감해야 한다.

산수유(3월 중순). 남도에서부터 서서히 노란 꽃의 장관이 전해져 온다.

초봄을 대표하는 백목련(3월 하순). 간혹 꽃샘추위가 있기는 하지만 완연한 봄의 따스함이 건물 안 창가에서는 느껴진다.

개나리(4월 초순). 목련과 앞서거니 뒷서거니 하면서 일제히 노란 꽃을 피운다.

진달래(4월 초순). 개나리와는 달리 다소 응달에 있는 진달래도 이때쯤이면 꽃망울을 터트린다.

보통 봄철 화목류의 꽃은 2주 정도 지속되므로 다소 개화 시기가 다르다 하더라도 동시에 피어 있는 것을 볼 수 있다.

왕벚나무(4월 초순). 봄의 절정을 알리는 듯 왕벚나무의 꽃이 일제히 개화한다. 간혹 초봄이 너무 덥거나 비가 잦으면 그 모습을 보는 기간이 짧아진다.

명자나무(4월 중순). 왕벚나무보다 다소 늦게 잎과 함께 꽃이 핀다. 이젠 초봄의 스산함은 없다.

우리나라의 대표적인 봄꽃인 산철쭉(4월 하순). 꽃이 잎과 함께 벌어졌다. 이젠 낮에는 웃옷이 거추장스러울 때가 있다.

라일락(5월 초순). 은은한 향기와 함께 시원스런 라일락 꽃이 포도송이처럼 피면 봄은 절정으로 치닫는다.

등나무(5월 중순). 이제 낮에는 등나무의 파골라 안에 들어가 그늘에서 쉴 때가 많아진다.

아까시나무(5월 하순). 보통 아카시아라고 하는데 근교의 야산에 심겨져 있는 나무들로부터 은은한 향기가 전해져 온다.

덩굴장미(5월 말). 이제는 반팔 옷을 입고 있는 우리 주변에서 봄 끝을 화려하게 장식한다.

10

난 기르기

난과식물은 다른 식물과 구별되는 매우 독특한 매력을 지닌 식물 그룹으로서, 화려한 꽃색과 형태로 유명한 서양란과 기품이 있는 우아한 잎의 선과 부드러운 향, 단아한 꽃이 피는 동양란으로 나누어진다.

대표적인 서양란에는 카틀레야, 심비디움, 덴드로비움, 덴파레, 온시디움, 팔레놉시스가 있고, 동양란에는 춘란과 한란, 석곡, 풍란이 있다.

난과식물의 특징

난은 전 세계적으로 분포하며, 종류만도 약 3만여 종이 있다. 난은 단자엽식물 중 가장 진화된 형태이고 그 꽃은 좌우대칭을 이루고 있다. 꽃의 형태를 보면 꽃잎 3장과 꽃받침 3장이 함께 붙어 있고, 꽃잎 중 가운데의 잎 하나는 혀의 모양을 닮아 설(舌瓣, lip) 또는 순판(脣瓣)이라고 하며, 이는 종류에 따라 주머니 모양이나 주름진 모양을 하고 있다.

난과식물에 속하는 Cymbidium 꽃

꽃받침잎 3개, 꽃잎 2개, 설판 1개

꽃받침잎 3개, 꽃잎 2개, 설판 1개, column(자예+웅예) 1개, 자방+소화경

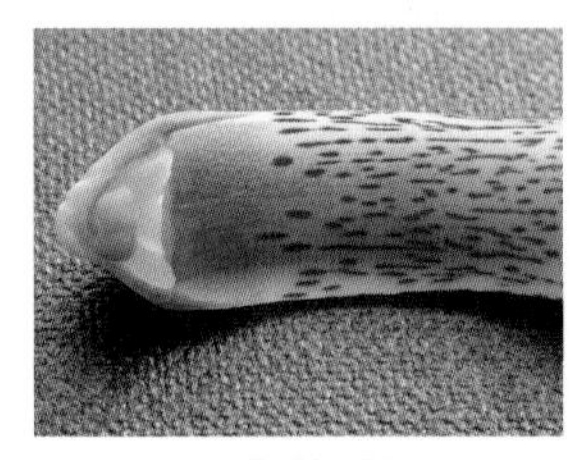

column을 확대한 모습

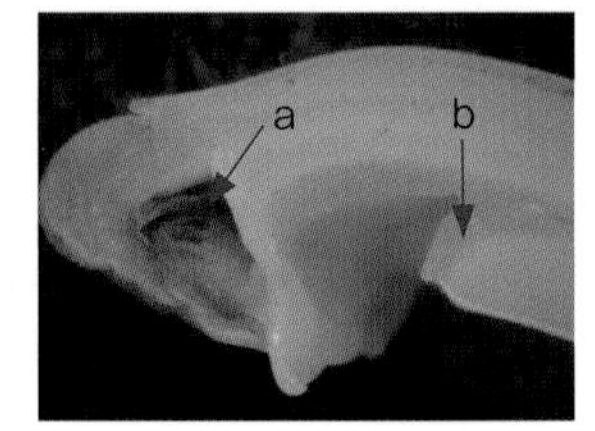

column을 제거한 모습

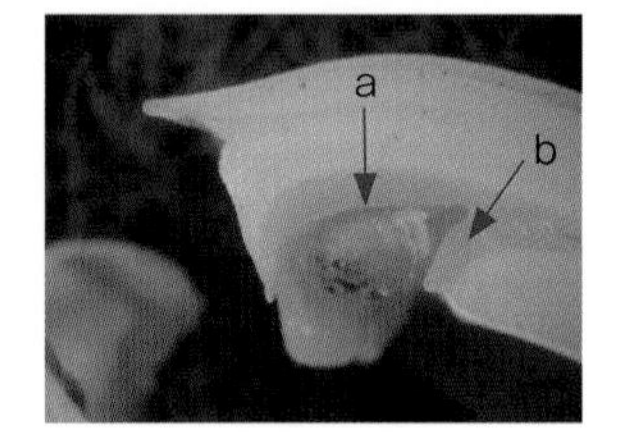

수분된 모습

그림 10–1 | 난의 구조(a : 화분괴[花粉塊, 꽃가루덩어리], b : 주두[柱頭, 암술머리])

난의 뿌리는 외관상 굉장히 굵은데 사실은 벨라멘(velamen)층이라 불리는 조직이 뿌리를 감싸고 있기 때문이다. 벨라멘층은 물을 저장하고 있어 건조에 견딜 수 있게 해주고 탄력성이 있어 충격도 완화해 준다.

난은 그 꽃이 매우 아름다울 뿐만 아니라 수명도 길고 독특한 향기가 있어 오래 전부터 사랑받아 왔다. 조선시대에는 난 재배가 양반들의 취미생활이었으며 난의 고상한 모습에서 군자의 기품을 배웠다고 한다.

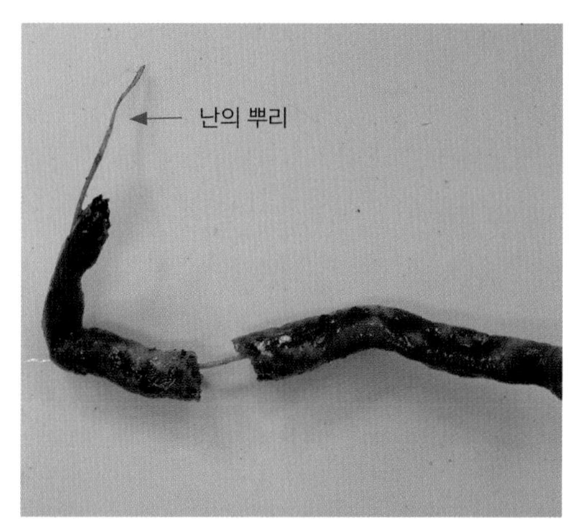

그림 10-2 | 얇은 난의 뿌리 주변에 저수조직이 발달되어 굵게 보인다.

난과식물의 종류

난은 원산지와 생육습성에 따라 다음과 같이 분류할 수 있다.

1 원산지에 따른 종류

1) 서양란

동남아 일대, 남미 브라질의 밀림지대나 아프리카 등의 아열대지방에서 자생하고 주로 영국과 프랑스 등의 유럽에서 새로 육종된 난을 말한다. 카틀레야, 심비디움, 덴드로비움, 덴파레, 온시디움, 팔레놉시스(호접란) 등이 이에 속한다.

2) 동양란

온대 아시아인 우리나라와 중국, 일본 등에서 자생하는 난을 말하며 춘란, 한란, 석곡, 풍란, 나도풍란 등 옛부터 재배해온 난과식물을 동양란이라고 한다.

그림 10-3 | 서양란 카틀레야

그림 10-4 | 동양란 석곡

2 뿌리의 생육 습성에 따른 종류

1) 지생란(地生蘭)

땅속에 뿌리를 내리고 토양 중의 수분이나 영양분을 섭취하는 동시에 식물체를 지탱하는 종류를 말한다.

2) 착생란(着生蘭)

다른 나무 줄기나 바위에 붙어 고착생활을 하고, 뿌리가 공중에 노출되어 있는 종류를 말한다. 뿌리는 상하 좌우 여러 방향으로 자라나면서 주변의 물을 빨아들인다. 나도풍란, 석곡, 콩짜개란, 풍란, 온시디움, 반다 등이 이에 속한다.

그림 10-5 | 지생란 덴파레

그림 10-6 | 착생란 온시디움

난을 고르는 법

난을 잘 기르기 위해서는 무엇보다도 생육 상태가 좋은 난을 골라야 한다. 특히 초보자의 경우에는 건강한 난을 구별하기 어렵기 때문에 다음의 사항에 주의해서 구입하도록 한다.

1 뿌리가 건강한 것

뿌리는 난의 생육을 좌우하는 큰 요인이므로 뿌리에 상처나 검은 얼룩이 없는 것을 고른다.

2 잎에 윤기가 흐르고 건강한 것

색이 선명하고 탄력이 있는 잎을 골라야 하고 반점이 있거나 시든 잎은 피한다.

3 벌브(구경, 球莖, bulb)가 건강한 것

벌브에 주름이 지거나 병이 있는 것은 피하고 튼튼하고 단단해 보이는 것을 고른다.

4 2~3촉 이상 붙어 있는 것

최소한 2촉 이상 붙어 있어야 튼튼한 것이므로 촉수를 보고 고르고, 되도록 꽃이 피어 있는 상태에서 구입한다.

난 기르기에 적합한 환경

난이라 하면 기르기가 어려울 것 같아 보이지만 비교적 생명력이 강한 식물이기 때문에 난의 특성을 이해하고 적합한 관리를 해주면 오랫동안 아름다운 모습을 감상할 수 있다.

1 물주기

난은 물주기 3년이란 말이 있듯이 물주기가 매우 중요한 요인이다. 너무 자주 주면 뿌리가 썩고, 또한 너무 건조하면 말라버리기 때문이다.

난의 물주는 횟수는 정해져 있는 것이 아니라 토양과 환경조건에 따라 달라진다. 가능하면 토양이 건조한 상태에서 물을 주는 것이 좋다. 따라서 눈으로 확인할 수 있는 물주는 시기는 토양이 2~3cm 정도 건조되었을 때이다.

난 뿌리의 벨라멘층은 물을 저장하고 뿌리가 건조되는 것을 막으며 비상시 식물체로 물을 공급해주기 때문에 토양이 건조되어도 쉽게 죽지 않는다. 오히려 과습으로 뿌리가 썩는 것이 더 회복하기 어렵다.

1) 물주는 방법

난에 물을 줄 때는 토양과 뿌리가 충분히 젖게 주어야 하나 토양에 물이 고여 있어서는 안된다. 물은 한 번 줄 때 2~3회 바닥으로 흘러나올 정도로 흠뻑 준다.

난은 뿌리가 마른 상태로 어느 정도 지속되어야 더 건강하게 자랄 수 있다. 그러므로 화분 내부가 주기적으로 축축한 상태와 건조한 상태로 반복되어야만 잎과 뿌리가 이상적으로 성장할 수 있다.

물은 너무 차지 않게 실온과 비슷한 온도로 주어야 한다. 한여름과 겨울 휴면기에 물을 많이 주면 뿌리가 썩기 쉬우므로 관수량을 줄여 물주기에 주의해야 한다.

2) 계절에 따른 물주는 시기

봄, 가을에는 오전 중에 물을 준다. 여름에는 햇빛이 강하지 않은 이른 아침이나 늦은 저녁에 준다. 한낮에 물을 주면 잎에 묻은 물방울이 햇빛에 렌즈역할을 하여 잎이 탈 수 있기 때문이다. 겨울에는 햇살이 좋은 오전 중이 좋다.

2 광도

난은 종류에 따라 요구하는 광도가 다르나 대부분의 난에게 아침 햇살은 보약이므로 이른 아침의 햇빛을 2~3시간 정도 비춰주어야 한다. 그래야 많은 양분이 합성되어 난이 건강하게 자라고, 제때에 꽃을 피우며, 새순도 왕성하게 발생하게 된다.

동양란의 경우 대개 여름철에는 반드시 그늘진 곳에서 기르고 서양란의 경우 직사광선이 들지 않는 장소면 적합하다.

가을, 겨울의 광도 조건은 늦가을부터 일조시간을 서서히 늘려주어 겨울에는 종일 햇빛을 보게 하는 것이 좋다. 빛이 부족한 장소에는 인공조명을 이용하여 광을 보충해주도록 한다.

3 환기

특히 고온 다습한 여름철에는 병해충의 피해를 입기 쉬우므로 환기를 잘 해주어야 한다.

4 배양토

난의 종류와 특성, 그리고 재배 조건에 따라 배양토를 선택해야 한다. 일반적으로 난을 가꾸기에 적합한 토양은 보수성(保水性), 배수성(排水性), 통기성(通氣性)이 좋은 토양이어야 한다. 보수성은 토양에 물을 잘 담고 있는 성질이고, 배수성은 물빠짐이 좋아 토양의 과습을 막을 수 있는 성질이며, 통기성은 토양 내의 공기 흐름이 좋아 뿌리가 산소를 충분히 공급받을 수 있는 성질을 말한다.

동양란은 입자가 굵어 통기성이 좋은 일향토(日向土)나 하이드로볼, 미사토 등의 토양을 사용하는 것이 좋다. 분에 심을 때는 아래부터 대립, 중립, 소립의 순서로 사용해야 뿌리가 잘 내리고 물빠짐도 좋다. 서양란은 주로 바크나 수태 등이 사용된다.

그림 10-7 | 서양란의 배합토로 많이 이용되는 특수토양

난의 관리 방법

1 비료주기

난은 양분이 부족하면 새 잎이 잘 자라지 못하고 꽃피우기도 어려워진다. 그러나 난을 빨리 키우려는 욕심에서 한꺼번에 많은 비료를 준다거나 농도가 진한 것을 주는 것은 절대로 금물이다. 비료는 소량을 묽게 희석해서 주는 것이 기본이다. 고체비료를 줄 경우에는 비료가 뿌리에 직접 닿지 않도록 주의한다.

난은 종류에 따라 다르나 보통 봄, 가을에 월 2~3회 묽은 액체비료를 주고 여름과 한겨울에는 비료를 주지 않는 것이 좋다.

2 분갈이

난이 많이 성장했거나 포기를 나누어 따로 심어야 할 경우에 분갈이가 필요하다. 분갈이는 1~2년에 한 번씩 해 주는 것이 좋은데 그래야 매년 새 뿌리가 잘 내리며 새 촉도 왕성하게 나오게 된다. 분갈이 시기는 봄이나 가을이 적당하다.

3 포기나누기(분주)

난을 기르다 보면 모주의 옆으로 새로운 구경이 연결되어 새잎과 뿌리가 나는 것을 볼 수 있는데 이를 새 촉이라고 한다. 촉이라 하는 것은 난의 기본 단위를 일컫는 말이다.

촉을 분리하는 것은 번식의 의미가 크지만 경우에 따라서는 병해충으로 인해 건강한 촉을 보호하거나, 적당한 수형을 유지하기 위해서도 해줄 필요가 있다.

포기를 나눌 때에는 3촉 이상 되도록 나누는 것이 바람직하다. 촉수가 지나치게 적으면 난이 약하게 생장하고 꽃이 피지 않을 수도 있기 때문이다. 일반적인 방법으로 포기를 나누어주면 되는데 뿌리가 상하지 않도록 주의한다. 포기나누기를 한 뒤에는 1주일 정도 그늘에 두고 매일 물을 준다.

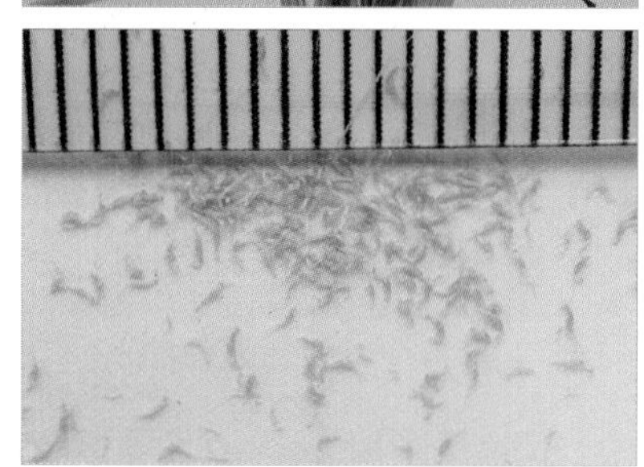

그림 10-8 우리나라에 자생하는 자란의 꽃과 종자

난의 번식은 주로 포기나누기를 이용하나 때로는 조직배양을 통한 종자 번식이나 생장점 배양을 하기도 한다. 이 방법은 일반 가정에서는 하기 힘든 번식방법이며 난을 재배하는 농가에서 대량생산을 위해 이용하고 있다.

난 종자에는 배(胚)가 자라는 데 필요한 양분이 없으므로 이처럼 조직배양법을 이용해 무균상태에서 인공양분을 주고 대량으로 기르는 것이다.

4 병해충

특히 동양란은 병원균에 감염되기 쉬운 식물이므로 정기적인 소독이 필요하다. 일단 병에 걸리게 되면 치료가 어려우므로 예방의 방법으로 봄부터 가을에 걸쳐 주기적인 약제 살포를 하여야 한다. 소독시간은 일반적으로 해가 질 무렵이 좋다.

발병을 촉진하는 원인은 비료를 많이 주었거나, 고온다습으로 밤에도 온도가 높아 식물이 웃자라 약해졌을 경우이다.

1 준비물 : 분갈이 할 화분, 좀 더 큰 화분, 크기가 다른 세 종류의 난석, 핀셋, 액체비료, 분무기
2 토분을 물에 적셔 놓는다.
3 썩은 뿌리 등을 정리한다.
4 뿌리를 물로 씻으면서 엉켜있는 것을 정리한다.
5 분 밑에 깔개를 깐다.
6 가장 굵은 난석을 밑에 깔고 난 뿌리를 넣는다.
7 중간 크기의 난석을 뿌리의 사이사이에 넣는다.
8 핀셋이나 젓가락 등으로 뿌리 사이에 난석이 치밀하게 들어가도록 눌러 준다.
9 가장 작은 난석을 위에 넣는다.
10 분갈이가 끝나면 밑에서부터 물을 충분히 공급한다.
11 액체 비료를 분무하여 분갈이 후의 몸살을 막는다.
12 분갈이 후의 모습

그림 10-9 | 동양란의 분갈이

5 기르기 실제

1) 춘란(春蘭 : 보춘화, 報春花)

우리나라 남부지방과 일본에 자생하며 3~4월에 운치 있는 꽃이 핀다. 꽃색과 잎색이 특이하여 많은 잎보기종과 꽃보기종이 있다.

- 잎보기종(葉藝品) : 복륜, 중투, 사피반, 산반, 호반, 호피반
- 꽃보기종(花藝品) : 소심, 주금화, 자화

① **빛** 겨울철에는 0℃ 전후의 양지 바른 곳에서 기르고, 여름철에는 통풍이 잘 되는 반음지에서 기른다.

② **물주기** 여름에는 1일 1회 물을 흠뻑 주고, 10월부터는 2~3일에 1회 충분히 준다.

③ **비료주기** 월 2~3회 비료를 주고, 5월은 액비를 희석해서 월 3회 정도 준다.

④ **병해충** 봄에 병해충이 생기기 쉬우므로 월 1~2회 약을 뿌린다.

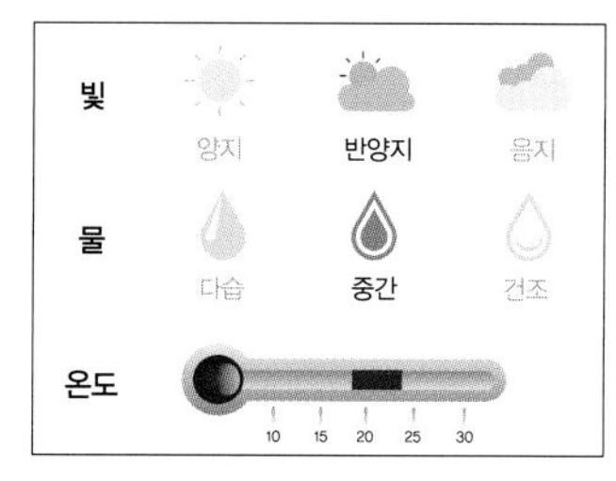

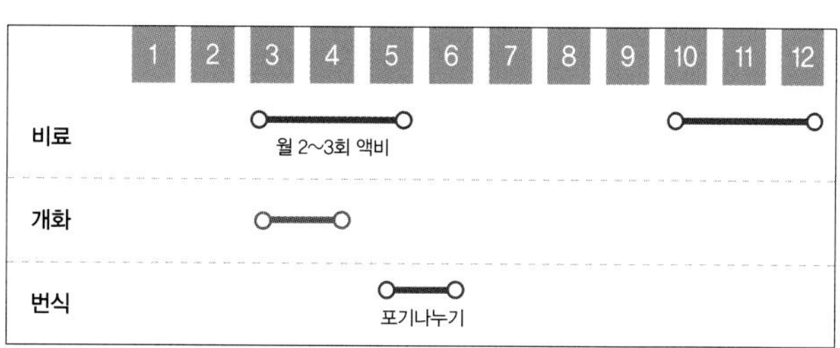

그림 10-10 | 춘란의 기르기 환경

2) 한란(寒蘭)

우리나라 자생란 중 희귀하고 귀한 난으로 한라산의 상록수림 밑에서 자라나고, 추울 때 피어 '한란'이라는 이름이 붙었다.

① **빛**　직사광선은 반드시 피해야 하고, 여름에는 반음지 상태에 두어야 한다.

② **물주기**　물은 건조하지 않을 정도로 봄·가을에는 주 2~3회, 여름철에는 1~2일에 1회, 겨울철에는 주 1회 정도 준다.

③ **비료주기**　다른 난 종류에 비해 비료를 적게 요구한다. 2~4월에 깻묵과 액비를 1~2회 주고, 꽃이 핀 이후 11월에 액비를 1~2회 준다.

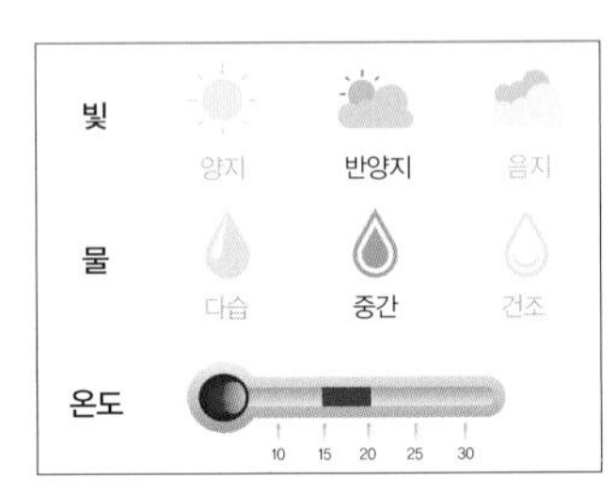

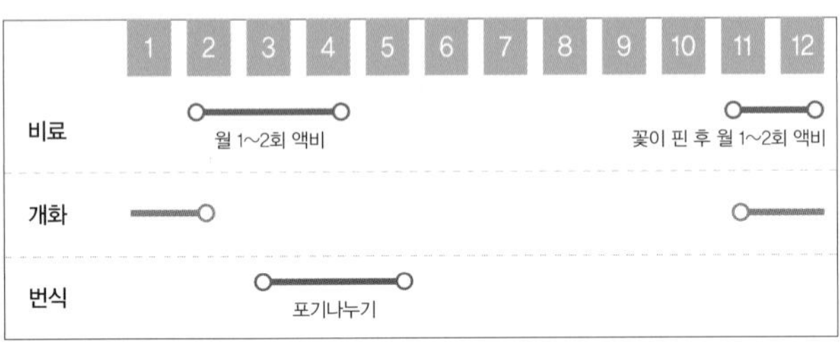

그림 10-11 | 한란의 기르기 환경

3) 풍란(風蘭)

제주도와 남해안 등의 상록수림의 나무나 바위에 붙어 생육한다. 꽃은 6~7월경 한 꽃대에 2~5개의 백색 꽃이 피며 향기가 좋다.

그림 10-12 | 나도풍란(대엽풍란)

① **빛** 여름에만 반그늘 상태에 두고 그 외의 계절에는 빛이 있는 곳에 둔다.

② **물주기** 여름에는 건조하지 않을 정도로 충분한 물을 주고 겨울에는 어느 정도 건조하게 한다.

③ **비료주기** 봄과 가을에 희석한 액비를 주고 서리가 내리기 시작하면 중단한다.

그림 10-13 | 풍란(소엽풍란)

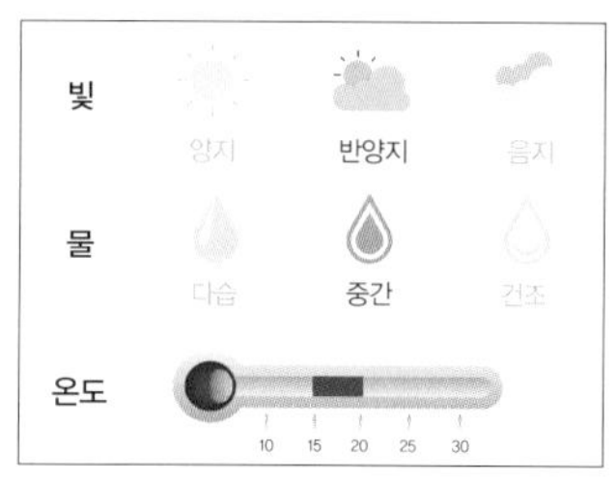

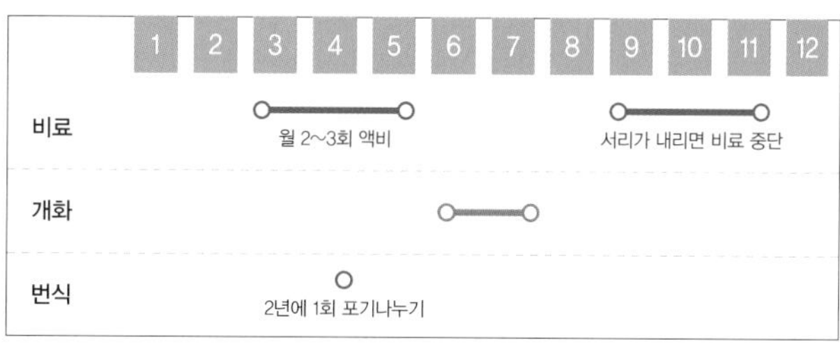

그림 10-14 | 풍란의 기르기 환경

4) 팔레놉시스(호접란, 胡蝶蘭)

한 송이의 수명이 보통 20~30일인 꽃이 계속 피어 두 달 이상 감상할 수 있다. 또 완전히 시든 꽃대를 반 정도 남기고 자르면 다시 꽃이 핀다. 최근에는 소형종도 나와서 아담한 분화로 기를 수 있다.

그림 10-15 | 다양한 꽃색을 가진 팔레놉시스

① **빛** 햇빛은 좋아하지만 직사광선은 피한다. 2년에 한 번 배양토로 사용되는 수태나 바크(나무껍질)를 교환해 준다.

② **온도** 겨울철에도 최저 7~10℃ 이상을 유지해야 하는 고온성 식물이다.

③ **물주기** 11월부터 3월까지는 1주일에 한두 번 주면서 서서히 늘려 여름철에는 매일 준다.

④ **비료주기** 3~10월에 걸쳐 액체비료(하이포넥스 등)를 1주일에 한 번 정도 공급한다.

⑤ **병해충** 6월부터 여름에 걸쳐 새로운 잎의 기부가 검게 썩는 연부병이 발생하기 쉽고, 여름철에는 민달팽이의 피해가 나타나기 쉬우므로 유의한다.

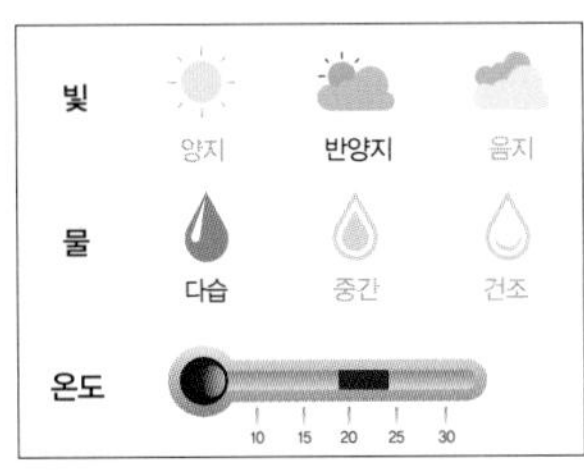

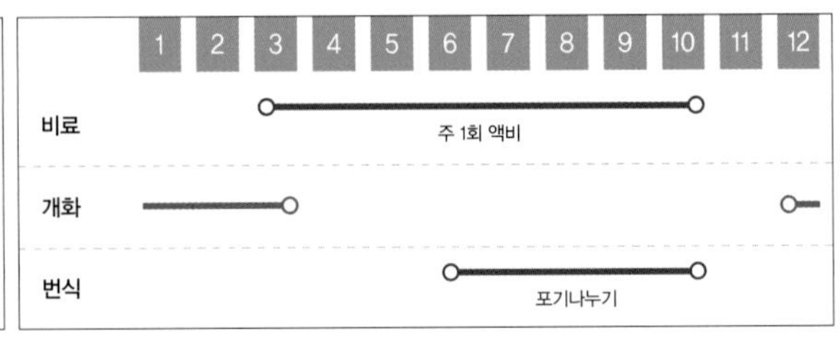

그림 10-16 | 팔레놉시스의 기르기 환경

5) 양란 심비디움

서양란 중에서 비교적 추위에 잘 견디는 종으로 우리나라에 자생하는 춘란이나 한란과 동일한 속(屬)에 포함된다. 연중 개화가 가능하고 다양한 꽃색이나 모양이 육성되어 분화나 절화로 인기가 높다.

그림 10-17 | 다양한 꽃색과 모양이 있는 심비디움은 겨울철을 대표하는 서양란이다.

① **빛** 빛을 좋아하므로 직사광선이 아닌 밝은 실내에 둔다.

② **물주기** 겨울철을 제외하고 충분히 물을 준다.

③ **비료주기** 다른 난에 비해 비료 요구도가 강하므로 생육이 왕성한 4~7월은 한 달에 2회 액체비료를 주고, 9~10월은 한 달에 한 번 정도 인산 및 칼륨 비료를 준다.

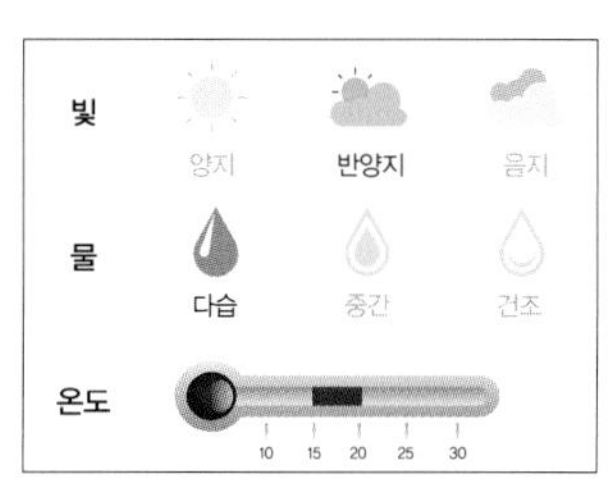

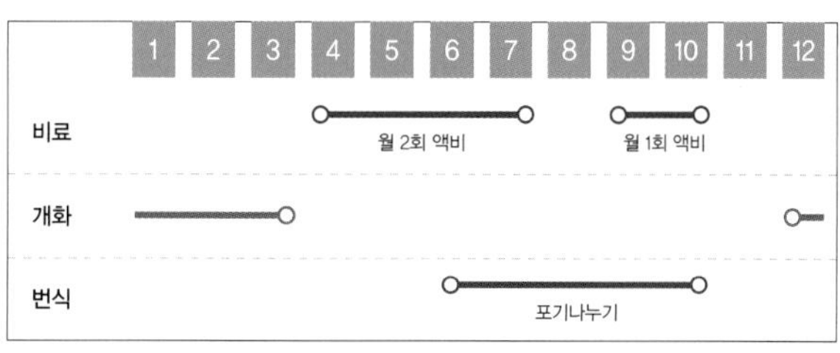

그림 10-18 | 심비디움의 기르기 환경

식물의 성별

가을철 은행나무 가로수길을 걸어가다 보면 어느 나무 주변에만 수많은 은행 열매가 떨어져 있는 것을 느끼게 된다. 또 정원의 모든 주목도 아름다운 붉은 열매를 다는 것은 아니다. 식물에도 성별이 있어 무궁화처럼 보통은 암술과 수술이 한 꽃에 있지만 일부 식물의 경우에는 암꽃과 수꽃이 한 식물의 다른 곳에 피거나 혹은 완전히 다른 개체에만 피는 경우가 있는데 그러한 성질에 따라 식물을 나누면 다음과 같다.

양성화(兩性花) : 무궁화와 같은 많은 식물

주목의 붉은 열매

- 암수한그루딴꽃(자웅동주이화, 雌雄同株異花) : 소나무, 오이, 옥수수, 꽃베고니아

오이(암꽃, 수꽃)

옥수수(암꽃, 수꽃)

꽃베고니아(암꽃, 수꽃)

- 암수딴그루(자웅이주, 雌雄異株) : 소철, 주목, 은행나무, 능수버들

암나무의 암꽃

수나무의 암꽃

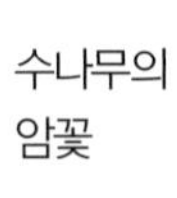

소철 주목 은행나무 능수버들

허브기르기와 이용

라벤더나 로즈마리와 같이 잎에서 좋은 향기가 나는 허브식물을 최근 많이 이용하고 있다. 꽃, 줄기, 잎, 뿌리 등에 향이 있어 향수나 요리, 살균, 미용 등의 용도로 이용되는 모든 초본식물을 허브라고 하는데, 허브의 생육에 적절한 환경의 특징과 병해충 방제 및 번식, 수확 후 건조와 이용 방법에 대해서 알아본다.

허브의 의미와 역사

허브라는 용어는 기원전 4세기경 그리스의 학자 테오프라스토스(Theophrastos)가 식물을 교목(tree), 관목(shrub), 초본(herb) 등으로 분류하면서 처음 사용하였고, 옥스퍼드 영어사전에는 '잎이나 줄기가 식용과 약용으로 쓰이거나 향과 향미(香味)로 이용되는 식물'을 허브로 정의하고 있다.

근래에는 그 의미가 확대되어 꽃, 줄기, 잎, 뿌리 등에 향이 있어 향수나 요리, 살균, 미용 등의 용도로 이용되는 모든 초본식물을 허브라고 말한다.

허브는 동서양을 막론하고 고대부터 이용되어 왔는데 이집트에서는 미라를 만들 때 부패를 막기 위해 허브를 사용한 기록이 있다.

중세인들은 치커리와 로즈마리를 각각 학질과 두통 치료약으로 이용하는 등 허브를 약용으로 사용하다가 점차 향수, 화장품 등의 사치스러운 미용용품으로 이용하기 시작하였고, 그 당시의 주요 생산지인 동양으로부터 허브를 다량 수입하였다.

허브라 하면 지중해연안이나 유럽, 서남아시아 등이 원산지인 라벤더, 로즈마리, 민트 등의 외국 식물만을 생각하기 쉬우나, 우리 선조들이 요리와 민간요법으로 이용해 온 파, 마늘, 쑥, 창포와 같이 우리에게 너무나도 익숙한 식물도 허브의 일종이다.

이렇게 허브는 현재까지 세계 각지와 우리나라에서 향신료, 약용, 미용 등 다양한 용도로 생활 속에서 이용되고 있다.

허브식물의 종류

① **추위에 강한 허브** 라벤더, 민트, 타임, 오레가노, 히솝 등

② **추위에 약한 허브** 마조람, 샤프란, 파인애플세이지, 셀프힐, 스위트바실, 제라니움, 펜넬 등

③ **음지에 강한 허브** 레몬밤, 차빌, 야로우, 스위트바이올렛 등

④ **음지에 약한 허브** 세이지, 타임, 마리골드, 레몬그라스, 레몬버베나, 로즈마리 등

⑤ **건조에 강한 허브** 로즈마리, 라벤더, 타임, 타라곤 등

그림 11-1 | 허브류

허브 기르기의 특성

1 모종 구입 시 주의할 점

허브 모종은 가까운 농장이나 꽃집, 그리고 통신판매를 통해서도 쉽게 구입할 수 있다. 종자를 사서 기를 수도 있지만 시간이 많이 걸리고, 적당한 발아환경을 갖추지 않으면 싹이 나지 않거나 어린 묘가 건강하지 못해 기르기에 실패하는 경우도 있다. 특히 초보자일 경우에는 모종을 사서 기르는 것이 적당하다.

모종은 다음의 사항에 주의하여 잘 관찰하고 골라야 한다.

① 잎의 색이 진하고 윤기 있는 것

② 마디와 마디 사이가 짧고 잎의 수가 많은 것

③ 줄기가 두껍고 튼튼한 것

④ 화분 바닥의 배수구로 뿌리가 나올 정도로 튼튼한 것

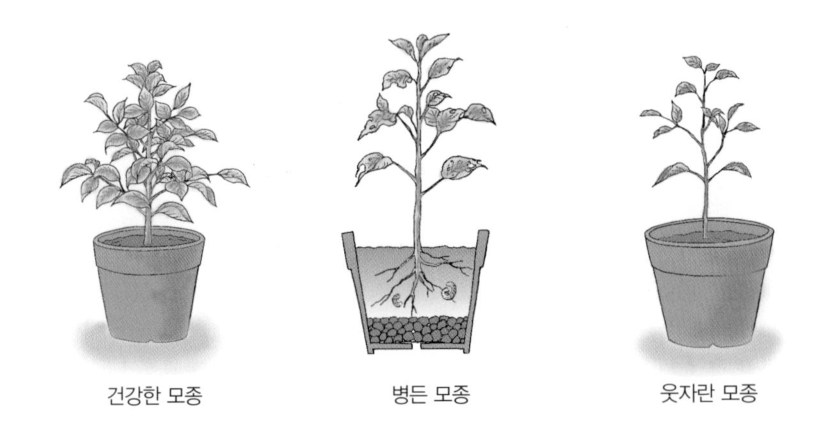

그림 11-2 | 허브식물을 구입할 때는 병해충이 없고, 웃자라지 않은 건강한 모종을 골라야 한다.

2 적합한 환경

1) 빛과 온도

대부분의 허브는 건조한 여름과 따뜻한 겨울이 있는 지중해성 기후에서 자라기 때문에 강한 햇빛을 매우 좋아한다. 실내에서 기를 경우에는 되도록 많은 빛을 받을 수 있는 베란다나 창가와 같은 장소에 두어야 한다.

그림 11-3 허브는 실내의 가장 햇빛이 잘 드는 장소에서 길러야 한다.

우리나라에서는 봄부터 여름이 대부분의 허브가 왕성하게 자라서 잎이 무성하게 되고 꽃을 피우며 연중 가장 향기가 좋은 시기이다.

대부분의 허브가 월동이 불가능하므로 서리가 내리는 11월 전후에 월동준비를 해야 하는데 다년생 허브는 지상으로 나온 부분을 잘라내고 낙엽이나 비닐 등으로 지하부를 덮어 보온해 준다.

2) 물주기

물주기 관리는 모든 식물을 기르는 데 있어서 까다롭고 실패하기 쉬운 이유 중의 하나인데 허브도 물주기를 잘못하면 치명적인 영향을 줄 수 있다. 물이 화분 밖으로 나올 정도로 충분히 주는 것이 이상적이나 대부분의 종류가 건조한 환경을 좋아하므로 뿌리가 썩지 않도록 주의한다.

정원에서 재배할 경우에는 건조한 여름에도 물을 주지 않아도 되는 경우가 많다. 하지만 화분 기르기에서는 장소와 배양토 등에 따라 건조 정도가 다르므로 토양을 만져보거나 눈으로 보아 표면 흙이 건조해지면 물이 흘러내릴 정도로 준다.

허브를 기르기에 문제가 되는 시기는 여름 장마철이다. 대부분 허브의 원산지인 지중해 연안은 개화하는 여름에는 비가 거의 오지 않으므로 우리나라의 장마기는 허브 기르기에 최악의 조건이 되는 것이다. 장마기의 고온다습과 햇빛 부족으로 식물체가 무르거나 약해져 병에 걸리기 쉬워진다.

따라서 정원에서 기를 경우에는 장마 전에 통풍과 배수에 주의해서 관리해야 하고, 실내의 허브는 장마기에 물주는 회수를 줄이고 부족한 빛을 보충해주어야 한다. 그리고 겨울철에는 물주기를 멈추며 건조하게 키워야 추위에 강해진다.

3) 배양토

배양토는 허브 기르기의 매우 중요한 환경요인으로 토양의 좋고 나쁨에 따라 건강하게 자라고 못자라고가 결정되는 것이다. 허브기르기를 위한 배양토는 다음의 특성을 지닌 것이 좋다.

① 물빠짐이 잘 되는 토양

② 통기성이 좋은 토양

③ 중성에서 알칼리성의 토양을 좋아하므로 가정에서는 석회성분을 함유한 조개껍질이나 달걀껍질을 섞어주는 것도 좋다.

특히 화분 기르기를 할 경우에는 화분이라는 한정된 공간에서 가꾸어야 하기 때문에 특별히 물빠짐과 통기성을 위해 버미큘라이트나 펄라이트 등의 특수토양을 혼합해서 사용하는 것이 좋다.

4) 비료

다른 원예식물에 비해 비료를 되도록 적게 사용해야 향과 맛이 좋은 허브를 재배할 수 있다. 옮겨 심을 때 비료를 흙에 섞어 밑거름으로 주었으면 그 뒤 추가로 줄 필요는 없다. 그리고 더운 여름철이나 식물이 병으로 약해진 상태일 때는 비료를 주어서는 안된다. 실내에서 기를 경우에는 물을 줄 때마다 비료 성분이 빠져나가므로 액체비료를 한 달에 1~2회 주는 것도 좋다.

5) 병충해

질병이나 해충에 강한 것이 허브의 특징이나 부적당한 환경에서 약하게 자라게 되면 피해를 입게 된다.

그러므로 튼튼한 허브로 기르는 것이 병충해를 예방하는 지름길인데, 병충해에 대한 저항력을 높이기 위해서는 허브 각각의 생육 특성을 파악하고 그에 맞는 환경을 조성해 주는 것이 무엇보다 중요하다. 질병이나 해충의 피해를 입어도 재빠르게 대처하면 피해를 줄일 수 있다.

허브에 주로 발생하는 병충해로는 입고병, 흰가룻병, 배추벌레, 진딧물 등이 있으며 이것은 기온, 일조량, 통풍 등 관리상의 문제와 관련이 있다. 예를 들어 민트류는 칼륨 부족과 통풍이 잘 안 될 때에 아래 잎 양쪽에 검은색의 작은 반점이 나타나고 차츰 위쪽으로 확대된다. 이러한 현상이 보이면 바로 잎을 잘라내어 태워버리고, 가지 전체에 발생하게 되면 가지치기를 하여 태워 버린다.

바실은 온도가 낮거나 일조량이 부족하면 땅 쪽의 줄기나 잎이 검게 말라죽는데 이때 바로 가지치기를 하여 병든 가지를 태워버린다. 차빌이나 민트, 딜 등에는 진딧물이나 배추벌레가 봄부터 여름에 걸쳐 발생하는데 꽃이나 잎을 자세히 관찰하여 해충이 보이는 데로 잡아주어야 한다.

프렌치 메리골드나 로즈마리 등은 살충의 효과가 있으므로 정원이나 화분 사이사이 몇 군데에 심어 가꾸면 주위에 있는 허브에 해충이 달라붙지 못하는 효과를 얻을 수 있다.

바실

차이브

레몬밤

그림 11-4 | 허브류

6) 허브의 번식법

종자로도 번식이 가능하나 꺾꽂이, 포기나누기, 휘묻이 등의 영양번식법으로 손쉽게 할 수 있다.

① 꺾꽂이 : 로즈마리, 바실, 민트, 세이지, 라벤더 등

② 포기나누기 : 민트, 챠이브, 레몬밤, 마조람 등

③ 휘묻이 : 로즈마리, 세이지 등

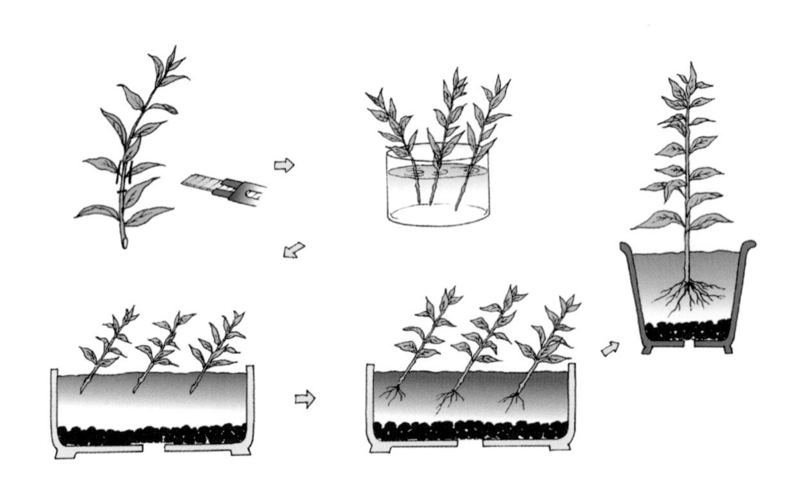

그림 11-5 | 대부분의 허브식물은 꺾꽂이 번식을 많이 이용한다.

7) 수확 및 건조방법

허브는 수확하여 장기간 보관해두면 필요할 때마다 쉽게 즐길 수 있다. 생육이 왕성한 때에 가장 강한 향기를 지니기 때문에 이 시기에 수확하는 것이 좋고, 2~3일 맑은 날씨가 계속되는 날 오전 중에 잘라낸다.

꽃이 핀 후 시간이 많이 지나거나 햇빛을 너무 많이 받으면 잎의 정유 함량이 감소하고 향기가 약해진다. 그리고 비가 내린 후에 따면 눅눅해서 변색하거나 곰팡이가 생기는 원인이 되므로 절대로 피해야 한다.

그림 11-6 허브의 건조

잘라낸 허브는 물에 깨끗하게 씻고, 물기를 뺀 후 되도록 작은 다발로 만들어 통풍이 잘되는 시원한 곳에 매달아 자연건조 시킨다. 종자는 시기를 놓치면 바로 떨어져 버리므로 반 정도 성숙한 시기에 잘라서 수확하는 것이 좋다. 종자를 이용하는 허브에는 딜, 휀넬, 아니스 등이 있다.

8) 허브의 보관

잎이나 종자가 바삭바삭해질 때까지 건조시킨 후, 밀봉용기에 넣기 쉬운 길이로 잘라 햇빛이 닿지 않는 시원한 곳에서 보관한다. 그 안에 건조제를 넣으면 효과적이다.

건조시키면 향기를 잃기 쉬운 바실이나 차이브 등은 신선한 상태 그대로 잘게 썰어 랩에 싸서 냉동고에 보관하는 것이 좋다.

허브의 이용 방법

1 허브 장식

1) 허브 리스

허브를 이용해 리스(wreath)를 만들어 문이나 테이블에 장식하면 시각적인 아름다움뿐만 아니라 향도 느낄 수 있어 좋으며, 신선하거나 말린 것 모두 이용이 가능하다.

1 말린 허브식물을 소량씩 다발로 만들어 묶는다.
2 리스 틀에 허브 다발을 철사로 감는다.
3 여러 개의 다발을 돌려가며 틀에 묶는다.
4 완성된 허브 리스를 리본으로 장식한다.

그림 11-7 | 말린 허브식물을 이용하여 리스를 만드는 방법

2) 포푸리

포푸리(pot-pourri)의 어원은 프랑스어의 '발효시킨 항아리'라는 뜻으로, 실내에서 향기가 오래동안 풍겨 나오도록 하기 위하여 만들어진 방향제이다.

포푸리는 말린 꽃의 주재료에 향기 나는 식물, 향료, 잎, 과일 껍질 등의 부재료를 혼합하고, 향기가 오래가도록 포푸리 오일을 조금 첨가하여 만든다. 이것을 밀폐된 용기 속에 넣어 숙성시킨 후 예쁜 용기에 담아 실내에서 자연 발산되는 향기를 즐긴다.

3) 허브 양초

말린 허브식물이나 허브 오일을 이용하여 양초를 만들면 실내에서 허브 향과 이색적인 분위기를 연출할 수 있다. 다음과 같이 허브 압화를 이용하여 허브 양초를 만들어 보자.

허브 가공품(양초, 비누, 정유)

1 양초 조각을 중탕으로 끓여서 천천히 녹인다. 다 녹으면 정유를 4~5방울 넣고 섞는다.
2 눌러서 말린 허브식물을 준비한다.
3 일반 양초에 허브 압화를 접착제로 붙인다.
4 압화로 장식한 양초를 녹인 ①의 양초에 재빠르게 넣었다가 뺀다.
5 표면의 양초가 굳도록 잘 세워서 말린다.
6 허브 양초를 장식한다.

그림 11-8 | 허브 압화를 이용하여 허브 양초를 만드는 방법

4) 허브 비누

허브에 정유를 첨가하면 허브 비누를 만들 수 있다. 이것을 목욕용품으로 사용하면 허브식물의 종류에 따라 피부가 부드러워지고 피로와 스트레스도 해소되는 효과를 얻을 수 있다.

2 허브 요리

1) 허브 차

허브를 취향에 맞게 다양하게 즐긴다면 허브의 효과를 충분히 활용할 수 있을 것이다. 예를 들면 아침에는 머리를 맑게 하는 레몬차, 점심에는 노곤함을 없애주는 바실차, 그리고 저녁에는 소화를 도와주는 민트나 타임차를 마시면 좋다. 홍차나 녹차와 같은 방법으로 이용하면 되고 향기, 효능과 더불어 색의 아름다움도 허브 차의 또 다른 즐거움이 될 수 있다.

2) 허브 요리

요리에 허브를 첨가하면 그 향기나 색으로 영양있고 맛있는 요리를 만들 수 있으며, 각각의 요리마다 적합한 허브가 있다. 일반적으로 향기가 강한 로즈마리, 세이지는 육류요리에 적합하고 파세리, 차이브, 타라곤 등은 달걀요리에, 그리고 민트, 타임, 바실 등은 스프나 샐러드에 이용하면 좋다.

그림 11-9 | 허브 차와 허브 요리

3) 허브 식초

신선한 허브를 식초에 넣고 밀폐하여 일정기간 숙성시킨 후 요리에 조미료로 이용하면 좋다. 식초의 향 외에 독특한 허브의 향을 느낄 수 있어 요리의 맛을 더해준다.

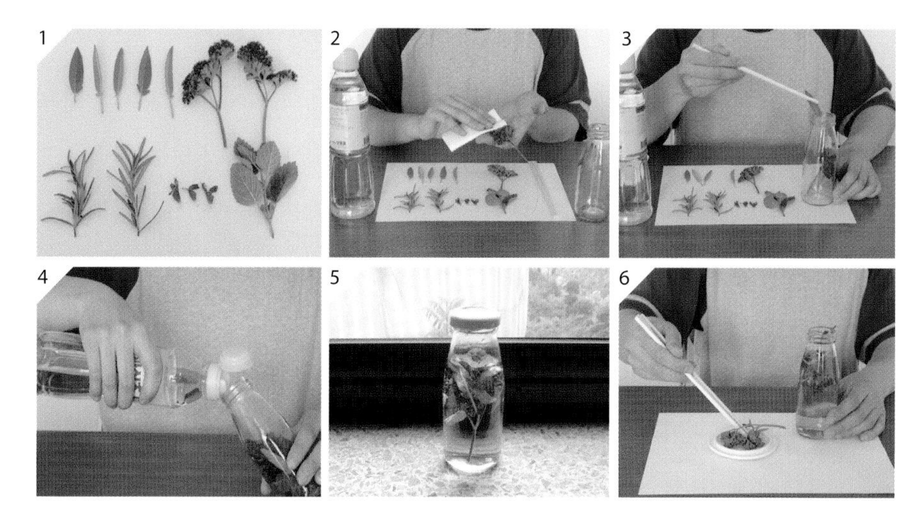

1 신선한 허브 잎을 준비한다(왼쪽부터 시계 방향으로 세이지, 파슬리, 민트, 애플세이지 꽃, 로즈마리).
2 허브 잎을 따서 깨끗이 씻은 후 물기를 완전히 제거한다.
3 허브 잎을 유리병 속에 넣는다.
4 식초를 유리병에 가득 넣는다.
5 식초를 넣은 후 뚜껑을 잘 덮고 밝은 창가에 두고 자주 흔들어 준다.
6 약 2주 후에 허브 잎을 꺼낸 후 샐러드 등에 이용한다.

그림 11-10 | 간단한 허브 식초 만들기

3 향기 치료

1) 정의

향기치료란 허브에서 추출한 100%의 순수한 향기성분 즉, 정유(essential oil)를 이용해서 신경정신과나 피부과적인 질환 등을 치료하는 것을 말한다. 최근에는 미국 및 유럽의 각 의과대학에서 정유에 대한 연구와 향기치료를 적극적으로 이용하고 있다.

그림 11-11 | 향기 치료용 램프 위의 접시에 물을 넣고 정유를 2~3방울 떨어뜨리면 물이 끓으면서 서서히 향이 발산한다(peppermint, orange).

허브는 각각의 식물마다 정유 안에 있는 치료적 성분이 다르고 따라서 그 효능도 다르게 나타나므로 목적에 맞는 적절한 식물을 선택해서 적정량의 정유를 이용하면 치료효과를 얻을 수 있을 것이다. 예를 들면 페퍼민트는 집중력 향상과 살균작용을 하고, 라벤더는 정신을 안정시키는 작용을 하며, 로즈마리는 머리를 맑게 하고 학습력을 증진시키는 등의 효과가 있다.

2) 향기 치료의 이용방법

① **흡입법** 뜨거운 물이 들어있는 그릇이나 허브 램프에 정유를 2~3방울 떨어뜨려 발산되는 향을 흡입하는 방법이다. 더 간편하게는 수건이나 티슈에 정유를 2~3방울 떨어뜨려 코에 대고 심호흡하는 방법도 있다. 또한 분무기에 한컵의 물과 5방울의 정유를 넣고 섞어 방안에 뿌려 흡입하거나 공기 청정용으로 이용할 수도 있다.

② **수욕법** 욕조에 5~10방울의 정유를 떨어뜨리고 온몸을 담그는 방법으로 향이 코로 흡입되면서 피부로도 흡수된다.

③ **수족법** 그릇에 물을 담고 정유를 3~5방울 정도 떨어뜨린 뒤 발을 담가 치료하는 방법이다.

④ **수포법** 관절염 등의 치료 방법으로 정유가 희석된 뜨거운 물에 수건을 넣었다가 뺀 뒤 환부에 덮어주는 방법이다.

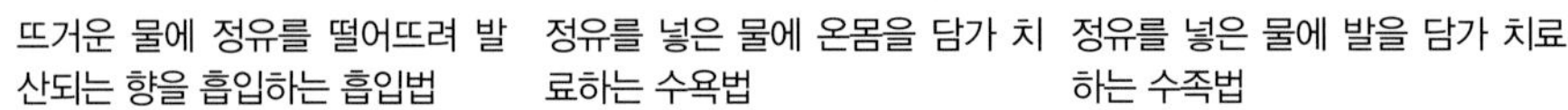

뜨거운 물에 정유를 떨어뜨려 발산되는 향을 흡입하는 흡입법

정유를 넣은 물에 온몸을 담가 치료하는 수욕법

정유를 넣은 물에 발을 담가 치료하는 수족법

그림 11-12 | 향기 치료의 종류

4 기르기 실제

1) 로즈마리

로즈마리는 신경을 안정시키고 집중력을 높이는 효과가 있어 수험생의 방에 두면 좋다. 빛이 충분한 장소와 물빠짐이 잘 되는 토양에서 재배하면 강한 향을 내며 잘 자라나 추위에 다소 약하다.

여름에는 가지를 솎아내어 통풍이 잘 되도록 한다. 또한 건조한 상태를 좋아하기 때문에 표면의 흙이 건조했을 때 충분히 물을 준다. 봄이나 가을에 주로 꺾꽂이 번식한다.

로즈마리는 주로 육류요리에 향신료로 이용하거나 살균작용이 있으므로 목욕제로 사용해도 좋다.

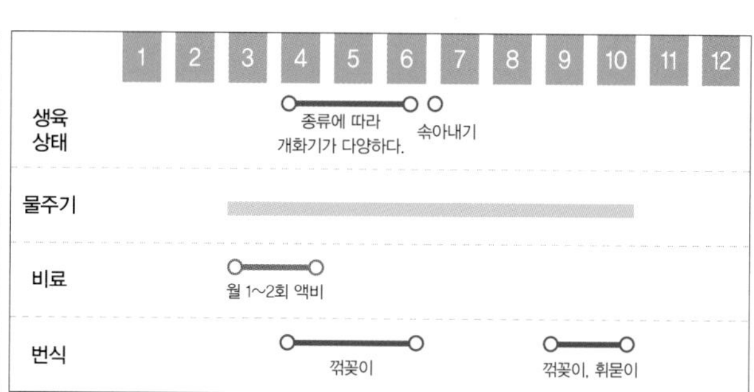

그림 11-13 | 로즈마리의 기르기 환경

2) 타임

작은 잎에서 나는 강한 향기성분에는 방부작용과 살균효과가 있다. 빛이 충분하고 통풍이 잘 되는 다소 건강한 토양에서 잘 자라며 추위에 강하다. 물주기는 표면의 흙이 건조했을 때 충분히 주면 된다. 어린 가지를 이용하면 쉽게 꺾꽂이와 휘묻이로 번식할 수 있다. 장마철에 습도가 높아지면 잎이 썩고 병이 발생할 수 있으므로 가지를 적당히 잘라낸다. 꽃피기 전이나 건조한 환경에서 기른 것을 수확하면 향이 더욱 강하다.

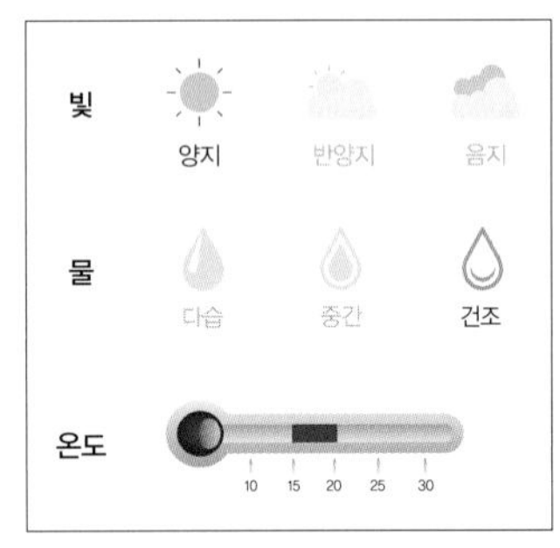

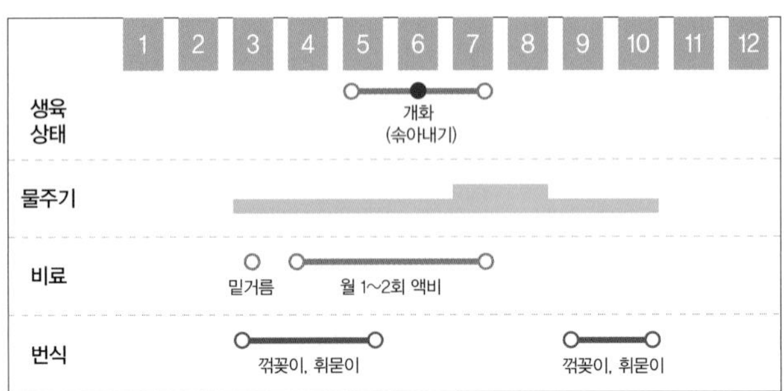

그림 11-14 | 타임의 기르기 환경

그림 11-15 | 허브 기르기

1 모종을 구입하고 알맞은 크기의 화분을 준비한다. 토양은 비옥한 원예 용토와 일반 밭흙을 반으로 섞어 만든다.
2 흙을 반 정도 화분에 채우고 라벤더를 알맞은 위치에 심는다.
3 서양 백리향과 민트, 헬리오트롭을 각각 적당한 위치에 심고 사이를 배양토로 채워 준다.
4 식물 사이사이에 물을 충분히 주어 배양토를 다져 준다.
5 햇빛이 충분한 곳에 두고 기르면 라벤더나 헬리오트롭의 꽃을 볼 수 있다.
6 라벤더의 꽃대는 잘라 실내에서 말리면서 은은한 향기를 즐긴다.
7 서늘한 기후를 좋아하는 허브는 무더운 여름철이 시작되면 잎이 누렇게 되고 아래 잎이 떨어지기도 한다.
8 이때에는 줄기를 반 정도 솎아 잘라내면 무더운 여름철을 잘 견디고 가을부터 다시 잘 자라게 된다.

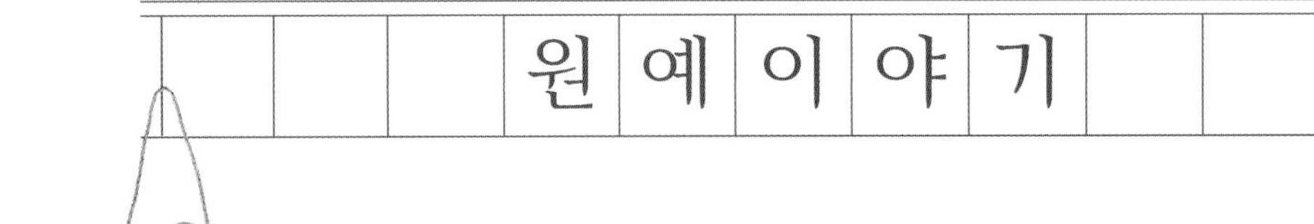

식물의 움직임

식물은 일반적으로 움직이지 않는 것 혹은 움직이지 못하는 것이라고 생각하는 경우가 많다. 하지만 식물이 잎을 벌려 한가롭게 햇빛만 쬐면서 살고 있다고 생각한다면 큰 착오이다.

식물은 현미경으로 봐야 보일 정도의 작은 움직임에서 조금만 주의깊게 관찰하면 쉽게 육안으로 확인할 수 있는 움직임까지 다양하게 움직이면서 생활한다. 단지 대부분의 경우가 동물들의 움직임과는 비교할 수 없을 정도로 느려서 우리들이 자각하지 못할 뿐이다.

엽록소가 세포 내를 끊임없이 움직이는 것은 현미경을 통해서만 볼 수 있다.

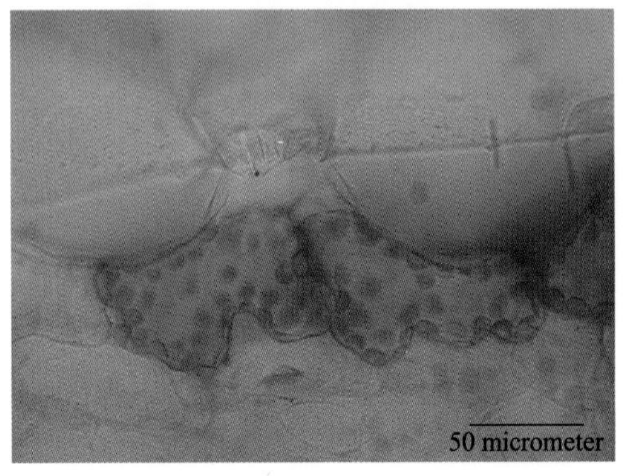

접란 잎 표면 세포 내의 엽록소는 끊임없이 움직인다.

여러분들 책상 위 꽃병에 놓여 있는 장미의 잎도 밤과 낮에 따라서 기공을 열고 닫으면서 호흡과 증산을 하고 있다.

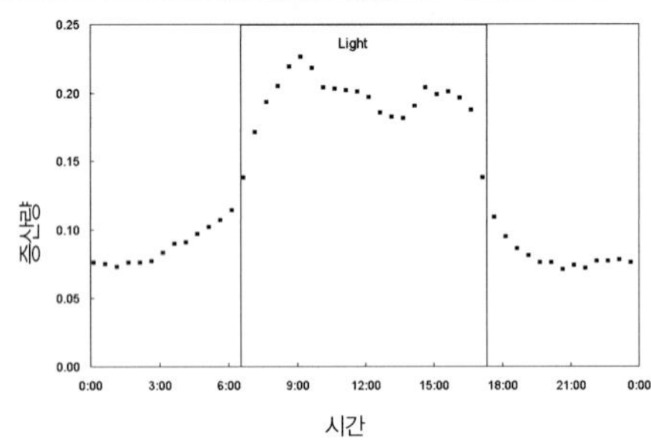

절화 장미 잎의 증산량 변화는 잎의 기공이 밤낮에 따라 정확히 움직이고 있다는 것을 증명해준다.

조금만 집중해서 관찰하면 주변에는 이보다 훨씬 자각하기 쉬운 밤낮에 따른 식물의 움직임이 있다.

콩과식물인 자귀나무의 잎은 아침에 잎과 소엽을 펼쳤다가 저녁이 되면 닫는다. 이러한 식물의 움직임은 체내 대사의 필요에 따라 나타나는데, 대표적으로 많은 콩과의 나무들은 낮 동안의 최적 광합성을 위해 잎이 최대한의 햇빛을 받을 수 있도록 펼쳐진다.

자귀나무의 잎은 요술부채처럼 낮에는 펴졌다가 밤에는 접혀진다.
(왼쪽은 꽃이 핀 모습, 중간은 오후 5시 잎의 모습, 오른쪽은 오후 8시의 모습)

관엽식물인 칼라데아(*Calathea*)도 낮에는 빛을 많이 받기 위해 잎을 옆으로 벌렸다가 밤이 되면 지표면에서 직각으로 곧추서는 운동을 매일 반복한다.

칼라데아의 밤(좌)과 낮(우)의 잎의 각도

봉선화의 열매를 건드렸을 때 터져서 종자가 튀어나오는 것이나 신경초(*Mimosa*)를 건드렸을 때 잎이 오므라드는 반응, 비너스파리잡이풀(*Dionaea*)의 잎을 건드렸을 잽싸게 닫히는 것과 같은 접촉에 대한 식물의 민감한 반응은 너무나 잘 알려져 있는 식물의 움직임이다.

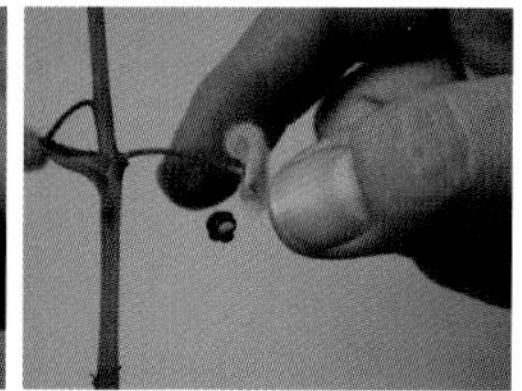

봉선화의 열매를 건드리고 1/1000초의 속도로 촬영했을 때 날아가는 종자의 모습

신경초를 건드리기 전과 후의 모습

하지만 식물 중에는 놀랍게도 혼자서 플라맹고를 춤추듯 움직이는 식물도 있다. 흥미롭게도 화분식물인 옥살리스(*Oxalis*)라는 식물의 잎과 꽃은 서로 다른 시간에 펴졌다가 오므라든다.

오후 1시

오후 5시
꽃이 오무라들었다.

오후 7시
잎도 오무라들었다.

옥살리스의 잎과 꽃은 따로따로 움직인다.

비너스파리잡이풀의 잎을 볼펜으로 건드리면 1초도 안되어 싸잡는다.

데스모디움(*Desmodium*)의 잎은 외부로부터의 별다른 자극없이 스스로 움직인다.

12

가정 채소

채소는 비타민과 식물 섬유질 및 무기양분이 풍부한데 가정에서 기른 채소를 이용함으로써 먹거리 나누기의 즐거움을 맛볼 수 있고, 부식비가 절약된다.
가정에서 비교적 기르기 쉬운 상추와 고추, 방울토마토의 구체적인 재배 방법에 대해 알아본다.

가정 채소 기르기

1 가정 채소 기르기의 의미

가정에서 채소를 길러 먹음으로써 풍부한 섬유질과 비타민을 공급받을 수 있고, 또한 신선하고 청결한 무공해의 채소를 일정 기간 동안 꾸준히 수확할 수 있다. 가정에서 기른 채소를 이용함으로써 먹거리 나누기의 즐거움을 맛볼 수 있고, 부식비가 절약된다.

① 비타민 공급

비타민 A : 당근, 시금치, 부추

비타민 B : 완두콩 등의 콩류와 감자

비타민 C : 일반적인 엽채류와 고추 등에 다량 함유

② 무기질 공급 : 칼륨, 칼슘, 마그네슘, 나트륨 등

③ 식물 섬유질 : 양배추, 시금치, 쑥갓, 상추

④ 체질이 산성화되는 것을 막아준다.

곡류와 육류 중심의 식단에서는 사람의 체질이 산성화되기 쉬워 각종 질병에 걸릴 위험이 높으나 대부분의 채소는 알칼리성 식품이기 때문에 체질이 산성화되는 것을 줄일 수 있다.

2 가정에서 기르기에 적합한 채소

① 재배하기 쉬운 채소

② 병해충이 적은 채소

③ 비료에 대한 적응 폭이 넓은 채소

④ 어린 유묘부터 이용할 수 있는 채소

3 재배적 특징

비교적 빛을 적게 받아도 잘 자라는 엽채류나 일부 과채류가 기르기에 적합하다. 그러나 대부분의 과채류는 빛을 많이 받아야 충실한 과실이 열리므로 옥상과 같이 햇빛이 좋은 곳이 적당하다. 실내에서 기를 경우에는 빛이 좋은 베란다나 남, 서향의 창 근처가 좋다.

만일 살충제와 같은 약제를 뿌린 경우에는 1주일 정도 경과한 후에 수확해야 한다.

그림 12-1 | 섬유질과 비타민이 풍부한 채소

4 기르기 실제

1) 상추

비타민과 철분을 많이 함유하며 생식으로 이용되고 있다. 저광도에서도 잘 자라므로 실내에서도 기를 수 있고 종자가 저렴하여 대량으로 길러 쉽게 섭취할 수 있다.

물주기 4월에는 3일에 한 번, 5월부터는 2일에 한 번 물을 준다.

수확 종류에 따라 다르나 보통 정식 후 30~50일 뒤에 수확할 수 있다.

기르기 순서

① 4월 중 20℃가 되는 실내에서 종자를 뿌린다.

② 일주일 후 발아한다.

③ 4월 말부터 밖의 햇빛이 좋은 곳에 두고 기른다(혹은 4월 하순 모종 구입).

④ 5월부터는 이틀에 한 번 물을 준다.

⑤ 5월 하순 아랫잎부터 수확한다.

⑥ 6월 하순 장마가 시작되면서 꽃대가 올라오면 정리한다.

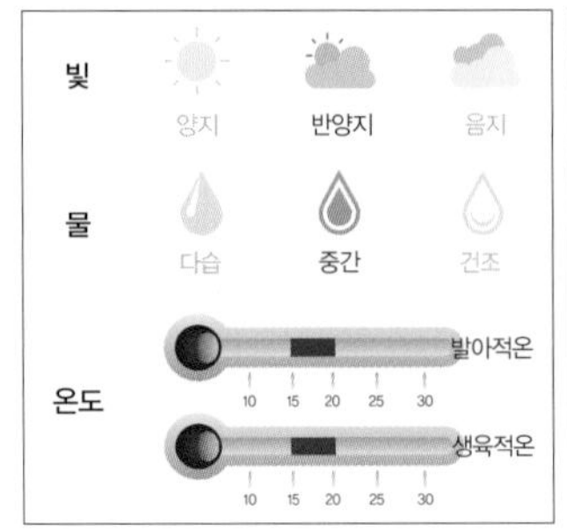

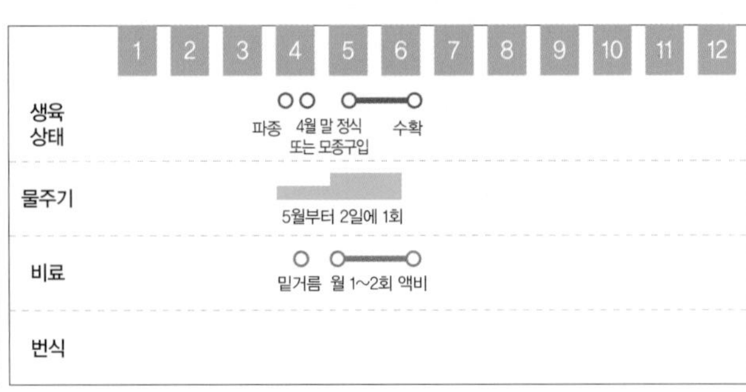

그림 12-2 | 상추의 기르기 환경

1 준비물 : 유기질이 풍부한 배양토, 알비료, 모종삽, 큰 화분, 모종
2 화분 바닥에 화분 깔개를 넣고 배양토를 절반 정도 채운다.
3 배양토 위에 알비료를 뿌려 넣고 그 위를 살짝 배양토로 덮는다.
4 비닐포트에서 뿌리가 다치지 않도록 조심해서 모종을 꺼낸다.
5 모종을 알맞은 위치에 심는다.
6 모종의 사이를 배양토로 잘 채운다.
7 물을 충분히 준다.
8 물을 충분히 주면서 반그늘에서 기르면 잎이 풍성하게 자란다.
9 밑에 있는 잎부터 따서 수확한다.

그림 12-3 | 상추 용기 가꾸기

2) 고추

비타민이 풍부한 풋고추를 여름 내내 기르면서 적당량을 자주 수확할 수 있다. 가정에서 기르기 위해선 4월 하순 실내에서 종자를 뿌리거나 혹은 5월 초순에 모종을 구입하여 시작한다.

물주기 고추는 너무 습해도 안되지만 건조해도 좋지 않으므로 4~5일에 한 번 물을 주고, 5~6월과 장마 후 8~9월에는 1~2일에 한 번 정도 물을 준다.

수확 보통 풋고추는 꽃이 핀 지 15~18일이면 수확할 수 있고, 붉은 고추는 40~50일 정도가 지나면 수확이 가능하다. 처음 열리는 열매를 몇 개 따주면 고추가 더 잘 자란다.

기르기 순서

① 5월 초순부터 햇빛이 좋은 노지 혹은 용기에서 기른다.

② 6월 초순에 줄기가 많이 자라면 지주를 세우거나 끈으로 고정시킨다.

③ 6월 중순부터는 줄기 사이에 흰꽃이 피고 7월에 들어가면서부터 풋고추가 달려 9월까지 계속 수확할 수 있다.

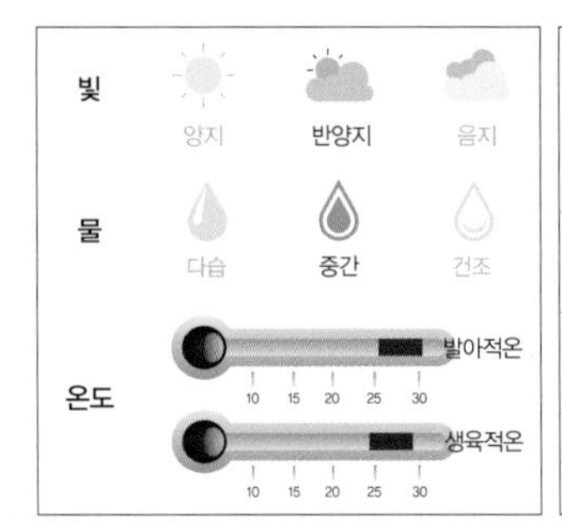

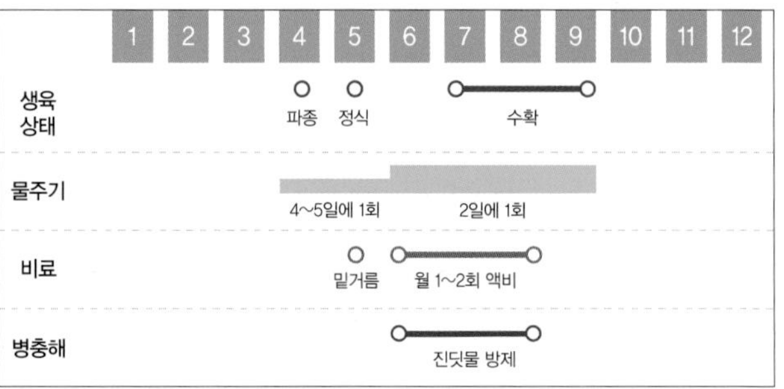

그림 12-4 | 고추의 기르기 환경

1 준비물 : 유기질이 풍부한 배양토, 알비료, 모종삽, 큰 화분, 모종
2 화분에 배양토를 채우고 비닐포트에서 뿌리가 다치지 않도록 조심해서 모종을 꺼낸다.
3 모종을 알맞은 위치에 심는다.
4 모종의 사이를 배양토로 잘 채운다.
5 물을 충분히 준다. 이후 햇빛이 잘 드는 곳에서 기른다.
6 중심 줄기에서 나오는 곁순은 따주면서 외대로 기른다.
7 햇빛이 많고 건조할 때에는 진딧물이 발생하기 쉽다.
8 필요에 따라 진딧물 약을 뿌려 방제한다.
9 어느 정도 자라면 줄기를 세워준다.
10 줄기를 지주에 묶어 쓰러지지 않도록 한다.
11 자라면서 줄기 사이에서 흰 꽃이 피고 열매가 맺힌다.
12 열매가 어느 정도 익으면 수확한다.

그림 12–5 | 고추 용기 가꾸기

3) 방울토마토

비타민과 섬유질, 리코펜(카로티노이드: 항산화물질)이 풍부한 토마토를 여름 내내 기르면서 적당량을 자주 수확할 수 있다. 가정에서 기르기 위해서는 4월 하순에 실내에서 종자를 뿌리거나 혹은 5월 초순에 모종을 구입하여 시작한다.

환경 토마토는 빛에 민감하므로 하루종일 빛을 받아야 좋은 생육을 할 수 있다. 생육 적정온도는 25~27℃로 30℃ 이상의 고온에서는 꽃이 잘 떨어진다.

물주기 햇빛이 충분한 곳에서 5월은 2~3일에 한 번, 6월부터 충분한 물을 준다.

수확 5월에 심은 토마토는 꽃이 핀 뒤 60일 정도 후에 잘 익은 것을 수확한다.

기르기 순서

① 5월 초순부터 햇빛이 좋은 노지 혹은 용기에서 기른다.

② 6월 초순에 줄기가 많이 자라면 지주를 세우거나 끈으로 고정시킨다.

③ 6월 중순부터 마디에 노란 꽃이 피기 시작하며 이때부터 잎과 줄기의 사이에서 나오는 순은 따고 외대 혹은 두 대로 기른다.

④ 7월에 들어가면서부터 열매가 붉게 익기 시작하여 9월까지 계속된다.

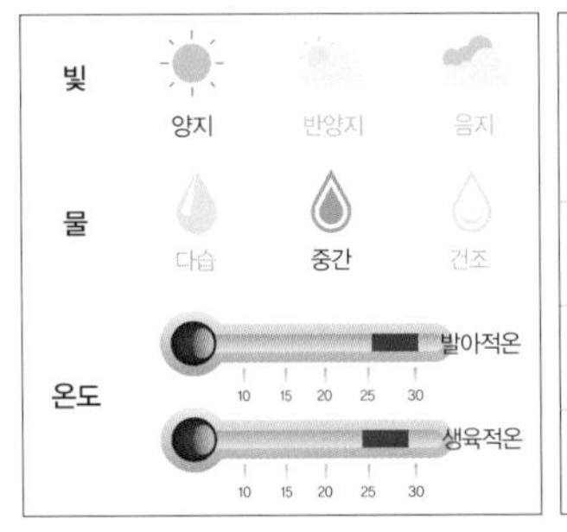

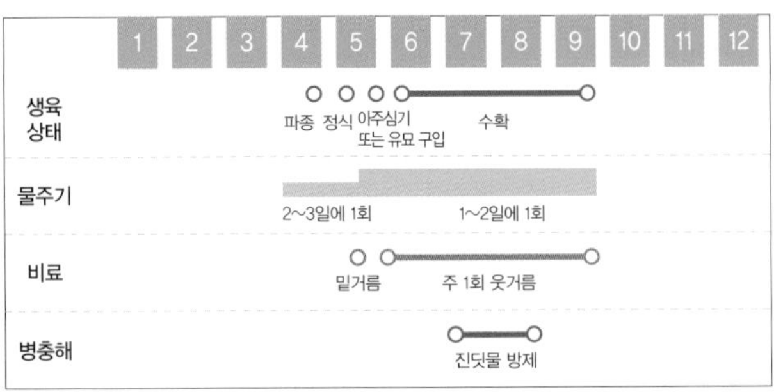

그림 12-6 방울토마토의 기르기 환경

1 준비물 : 유기질이 풍부한 배양토, 알비료, 모종삽, 큰 화분, 모종
2 화분에 배양토를 채운다.
3 비닐포트에서 뿌리가 다치지 않도록 조심해서 모종을 꺼낸다.
4 모종을 알맞은 위치에 심는다.
5 모종의 뿌리를 배양토로 잘 덮고 살짝 눌러준다.
6 물을 충분히 준다. 이후 햇빛이 잘 드는 곳에서 기른다.
7 중심 줄기에서 나오는 곁순은 따주면서 외대로 기른다.
8 줄기가 자라면 지주로 세워준다.
9 줄기가 지주를 따라 자라도록 계속 유인해준다.
10 어느 정도 자라면 노란 꽃이 피고 열매가 달린다.
11 꽃이 핀 순서에 따라 밑에서부터 열매가 붉게 익는다.
12 열매가 충분히 익으면 수확한다.

그림 12-7 | 방울토마토 용기 가꾸기

원 예 이 야 기

피(?) 흘리는 식물

식물의 몸에서 피(?)가 뚝... 뚝... 동물과 마찬가지로 식물에서도 이런 일이 일어난다. 합성고무가 이용되기 전까지는 고무나무(*Hevea brasiliensis*)에 상처를 주어 유액(乳液)을 모아 고무의 원료로 사용하였다고 한다. 이 나무는 우리가 흔히 고무나무라고 부르는 관엽식물인 인도고무나무(*Ficus elastica*)와는 엄연히 다르지만 유액이 나온다는 공통점이 있다.

인도고무나무

이처럼 뽕나무과의 고무나무류, 대극과의 포인세티아, 양귀비과 일부 식물(애기똥풀과 피나물)의 조직에 상처를 주거나 절단하면 흰색의 액체가 흘러나온다. 일반적으로 흰색의 유액이 나오지만 그 색이 식물 이름의 기원이 된 경우처럼 다른 색의 것도 있다. 애기똥풀은 줄기를 절단하면 노란 유액이 나오는데 마치 아기의 '똥'색과 같다고 하여 붙여진 이름이며, 피나물은 줄기의 유액이 마치 피를 연상시키는 붉은빛이 돌아 이처럼 명명되었다. 이 외에 박주가리, 민들레, 도라지 등에서도 하얀 유액을 볼 수 있다.

애기똥풀

피나물

박주가리

도라지

이러한 물질들은 식물이 지니는 2차 대사물(secondary metabolites)의 일종으로 초식동물이나 곤충들로부터 식물의 방어 혹은 보호물질로 작용한다. 이들 중 흰색의 점착성이 있는 액체를 latex라고 하는데 식물에 상처가 났을 때 상처부위를 치유하는 보호막의 역할을 하며, 우리가 주변에서 볼 수 있는 천연 고무제품의 원료가 되기도 한다.

식물에서 나오는 이런 물질들은 피부에 닿으면 염증이나 알레르기를 일으킬 수 있으므로 물로 씻어주는 것이 좋다.

이처럼 식물들도 상처가 나면 아파하며(?) '피'를 흘리고, 또한 자기를 보호할 줄도 안다.

13 꽃장식

뿌리가 없는 꽃꽂이용 꽃인 절화(切花)를 이용한 장식은 우리 주변을 보다 아름답게 한다. 꽃장식은 주로 살아 있는 생명체인 꽃으로 실내를 장식함으로써 정서적인 안정감을 얻을 수 있고, 예술적인 꽃문화를 즐길 수 있으며, 자연학습 효과 등을 얻을 수 있다. 꽃장식에 이용되는 절화의 관리와 보존 방법, 서양식 꽃꽂이 및 동양식 꽃꽂이, 생활 속에서 다양하게 이용 가능한 꽃장식의 예, 마지막으로 건조화와 압화에 대하여 알아본다.

꽃장식의 의미

꽃장식이란 때(time), 장소(place), 상황(occasion)에 맞게 꽃을 이용하여 꾸미는 것으로 디자인의 원리와 미적요소를 기본으로 한 것이다.

기쁠 때나 슬플 때 우리는 반드시라고 할 만큼 꽃을 이용한다. 결혼, 생일, 졸업, 개업 등 기쁜 날에는 다양한 꽃으로 만든 꽃다발, 부케, 꽃바구니 등을, 장례식과 같이 슬픈 장소에는 흰색과 노란색의 국화 등으로 만든 화환이 이용된다. 이렇게 일상생활 속에서 목적에 맞게 이용되는 꽃의 모든 형태가 바로 꽃장식이다.

그림 13-1 | 꽃장식

꽃장식은 살아 있는 생화를 주요 소재로 이용하지만, 다양한 목적에 따라 필요한 시기에 언제나 이용할 수 있는 압화도 이에 포함된다. 따라서 계절과 소재에 제약받지 않고 언제 어디서나 자유롭게 모든 목적을 살려 표현할 수 있는 것이 꽃장식의 의의라 할 수 있다.

꽃장식은 주로 살아 있는 생명체인 꽃으로 실내를 장식함으로써 정서적인 안정감을 얻을 수 있고, 예술적인 꽃문화를 즐길 수 있으며, 자연학습 효과 등 다양한 이득을 얻을 수 있다.

도구와 화기

꽃으로 아름답게 장식하기 위해서는 꽃을 꽂는 용기와 기본 도구들이 필요하다.

1 화기의 종류

화기(花器, container)란 꽃을 꽂는 그릇을 말하는 것으로 용기(容器)로서의 역할뿐만 아니라 물을 지속적으로 공급하고 꽃과 조화를 이루어 예술성을 더해주는 미적 효과도 있다. 화기는 소재와 작품이 놓여질 장소에 따라 선택해야 한다.

그림 13-2 | 다양한 형태의 수반과 콤포트

① 병 : 위 아래의 폭 차이가 나지 않는 것으로 높이는 20~40cm의 것이 사용하기 편리하다.

② 수반 : 폭이 넓고 높이가 낮아 꽂는 부분이 넓은 화기로 둥근원형, 직사각형, 정사각형, 삼각형, 접시형, 반달형 등 여러 가지 형태가 있다.

② 콤포트 : 수반과 같이 폭이 넓고 길이가 짧은 용기에 다리나 받침대가 달린 화기로 주로 자유화를 꽂는 데 많이 이용된다.

2 기본 도구

① 꽃가위 : 꽃을 꽂기 전 꽃이나 줄기를 자르거나 정리하는 데 절대적으로 필요한 도구이다.

② 침봉 : 화기 안에서 꽃을 지지해 주는 도구로 사각, 원형, 반월형, 타원형 등 다양한 모양이 있다. 바늘 길이는 1.3cm 정도로 촘촘하고 무거운 것이 좋다.

③ 플로랄 폼(floral foam) : 서양식 꽃꽂이에 많이 쓰이는 것으로 소재를 고정시키고 물올림을 도와 꽃의 수명을 연장시키는 역할을 한다. 물을 충분히 적신 후에 사용해야 하고 보통 일회용이다.

④ 플로랄 테이프(floral tape) : 주로 부케를 만들 때 사용하며, 꽃줄기가 약해서 지탱할 힘이 없을 경우 꽃줄기에 철사를 대고 플로랄 테이프로 감으면 지탱력을 유지시킬 수 있다.

⑤ 칼 : 서양식 꽃꽂이에 필수적인 도구로 작은 소재를 자를 때는 가위보다 칼이 빠르므로 소재가 부패하는 것을 막고 손쉽게 사용할 수 있다.

⑥ 글루건(electric glue gun) : 전기로 실리콘을 녹여 식물과 그 의외 소재를 접착시킬 수 있는 식물용 접착제이다.

⑦ 리본 : 꽃장식에 사용되며 크기나 소재에 따라 그 종류가 다양하다.

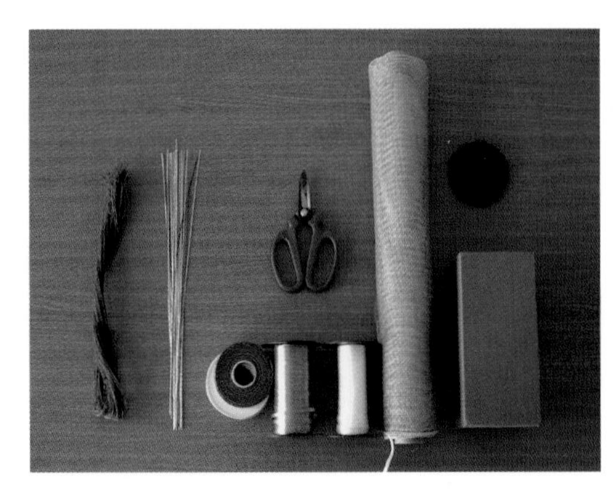

그림 13-3 | 꽃장식에 이용되는 여러가지 도구

절화의 관리와 보존 방법

1 실내환경 조절

절화의 수명을 보다 길게 유지하게 위해서는 환경 조절이 중요하다. 온도를 10℃ 전후로 낮추고 습도를 보다 높게 유지하여 식물의 호흡과 수분 증발을 억제하면 노화를 지연시킬 수 있다. 실내에서는 난방기 주위에 꽃을 두지 않도록 하고, 또한 직사광선이나 강한 바람이 닿는 장소도 피하는 것이 좋다. 실내의 냉난방 기구, 연기, 성숙한 과일, 노화된 꽃으로부터는 에틸렌이 발생하는데 이러한 환경에 꽃을 두는 것은 노화를 촉진시키는 것이다. 특히 밀폐된 공간은 에틸렌 상승으로 치명적인 손상을 야기하므로 환기가 잘 되는 곳에 두어야 한다.

그림 13-4 | 절화의 수명에 영향을 주는 요인

2 물올림 방법

절화를 구입해서 실내에서 깨끗한 물에 꽂아도 꽃이 시드는 경우가 있는데 그 원인은 대부분 식물이 물을 제대로 흡수하지 못하기 때문이다.

물의 흡수를 저해하는 원인으로는 줄기를 절단한 후 목부도관에 기포가 들어가서 물의 흡수를 막거나, 박테리아나 기타 미생물이 절단면에 증식하여 목부도관을 막거나, 절단면으로부터 분비된 흰즙이 굳어 절단면의 목부도관을 막기 때문이다. 따라서 구입한 뒤 다시 한번 줄기를 자르고 물올림을 시킨 후 물에 꽂으면 절화의 수명을 보다 연장시킬 수 있다.

1) 물속 자르기

절화를 물 속에 담그고 가위나 칼로 잘라주어 잘린 면을 통해 물이 바로 흡수되어 기포가 들어가지 않도록 하는 가장 일반적인 물올림 방법이다. 줄기나 가지의 절단면은 사선으로 잘라서 흡수 면적을 넓혀주는 것이 좋다.

2) 열탕법과 탄화법

열탕법은 꽃을 신문지로 완전히 감싼 후 줄기 끝을 2~10cm 정도 끓는 물에 넣고 12초~1분간 처리한 뒤 찬물에 헹구어 내는 방법이다. 열탕 시간은 보통 국화, 해바라기처럼 굵은 것은 1분, 거베라, 장미처럼 약한 것은 30초간 정도 처리한다.

탄화법은 줄기 끝을 2~5cm 정도 불에 30초~1분간 태우는 것으로 열탕법과 유사하다. 줄기 끝을 끓는 물에 넣거나 태우는 이유는 절단면의 부패를 막고 가열에 의해 팽창된 물의 압력으로 물이 보다 잘 흡수되어 기포를 막는 효과를 준다.

그림 13-5 | 물올림을 좋게 하기 위해 물속에서 줄기를 자르는 방법

그림 13-6 | 줄기의 끝을 끓는 물에 넣거나 태우는 열탕법과 탄화법

3) 화학적 물올림

알코올, 에테르, 황산 등에 절화를 잠시 담갔다가 꺼내어 곧 물속으로 옮긴 다음 적당한 길이로 다시 잘라서 꽂는 방법이다. 약품의 농도와 줄기의 종류에 따라 처리하는 시간이 다르나, 보통 초화는 2초 내외, 목본은 15초~30초 정도 담근다. 이 방법도 절단면을 소독하여 미생물의 번식을 억제하고 물올림을 좋게 하는 효과가 있다.

4) 절화 보존제

절화보존제로 대표적인 것은 미국의 Conell solution과 네델란드의 STS(Silver thio sulfate)가 있다. 이 두 가지 보존제의 효과는 주요성분인 질산은에 의한 것인데, 은이온은 살균력이 강하므로 절단부의 박테리아 발생을 방지하고 강한 항에틸렌작용으로 꽃의 수명을 연장할 수 있기 때문이다. STS는 현재 카네이션의 일부 품종과 장미의 수명연장 및 금어초의 꽃 떨어짐을 방지하는 데 효과적이다.

3 주요 절화의 수명을 연장시키는 방법

① 장미 : 꽃병 속에 넣을 때 물에 잠기는 부분의 잎을 떼어내야 하는데 잎에서 나오는 페놀물질이 물을 썩게 해 꽃의 수명을 단축시키기 때문이다.

② 아이리스와 프리지어 : 물속 자르기가 매우 효과적이다.

③ 안개꽃 : 열탕법 즉, 꽃을 신문 등으로 감싼 후 줄기부위를 끓는 물에 2~3초 담갔다가 꺼내면 물올림이 좋아진다.

그림 13-7 장미의 수명을 연장시키기 위해 물속에 들어간 잎을 제거한다.

꽃꽂이

꽃꽂이는 자연을 동경하는 마음과 꽃을 생활 공간에 옮겨 가까이 하려는 본능적인 의지에서 표현된 것이다. 영어로는 플라워 어레인지먼트(flower arrangement)라고 하는데 여러 가지 꽃과 그 외의 모든 소재를 크기나 색채 그리고 리듬감 등이 느껴지도록 서로 어울리게 배열한 것이라고 할 수 있다.

현재 꽃시장에서 판매되는 대부분의 꽃은 외국에서 개발된 것이며, 몇몇 가공된 꽃도 수입되는 것들이 많아 우리나라에도 야생화를 소재로 하는 전통적이고 독창적인 꽃 예술이 개발되어야 할 것이다.

1 동양식 꽃꽂이

동양식 꽃꽂이는 선을 강조하여 내면의 미를 느끼게 하고, 장식을 정신수양의 한 방법으로 생각하여 꽃을 꽂는 행위를 통해 자각의 마음과 터득의 경지에 도달한 것이다. 기본사상은 유사하나 우리나라의 꽃꽂이는 선과 여백을 살려 자연미를 강조하였고, 일본의 꽃꽂이는 주로 강한 선을 이용하여 형식에 맞추어 인공적인 기교가 첨가된 차이점이 있다.

꽃꽂이는 대개 천, 지, 인(天, 地, 人)의 3골격을 주지(主枝)로 하여 작품의 높이, 넓이, 깊이가 결정되고 나머지 공간은 부주지(종지, 從枝)로 처리된다. 동양 꽃꽂이에서는 가장 긴 제 1주지의 길이는 화기 높이+화기 넓이의 1.5~2배이고, 제 2주지는 제1주지의 3/4~2/3, 제3주지는 제2주지의 3/4~2/3로 정한다. 각각의 종지는 각 주지의 길이보다 짧은 것이 원칙이다.

1) 우리나라 꽃꽂이의 기본형

식물이 자연에서 자라는 형태를 보면, 위로 곧게 또는 비스듬히 뻗거나 아래로 늘어지게 자라는 종류가 있다.

기본화형도 식물이 자라는 형태에 따라 직립형(直立型), 경사형(傾斜型), 하수형(下垂型)으로 나눌 수 있으며 이들을 기본으로 응용하여 여러 가지 화형으로 변형할 수 있다.

형태의 구분은 제 1주지가 위치하는 각도에 따라 달라지며, 제 1주지가 수직선을 중심으로 좌우 45° 내에 세워지면 직립형이고, 45~90° 사이에 세워진 형태는 경사형이며, 수평선 아래로 드리워지면 하수형이라 한다.

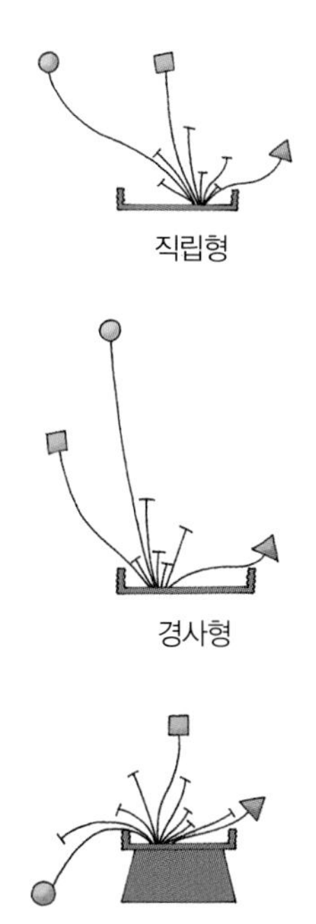

그림 13-8 | 우리나라 꽃꽂이의 기본형

그림 13-9 | 동양 꽃꽂이(이경실 작품)

1 재료 : 탑사철, 나리, 수반, 침봉, 꽃가위
2 수반에 침봉이 잠길 정도의 물을 넣는다.
3 침봉의 위치는 수반 앞쪽에 둔다.
4 '제 1주지'는 탑사철로, 수직선에서 좌우 어느 쪽이든 가지의 흐름에 따라 침봉 중심 뒤쪽에서 0~15° 기울여 꽂는다('제 1주지'의 길이는 수반의 가로+높이의 1.5~2배).
5 '제 2주지'도 탑사철로, '제 1주지'의 흐름에 따라 같은 방향으로 45~50° 기울여 꽂는다('제 1주지' 길이의 3/4~2/3).
6 '제 3주지'는 나리로, '제 1주지'의 대각선 앞쪽으로 75~80° 기울여 꽂는다('제 2주지' 길이의 1/2~3/2).
7 8 9 종지는 주지보다 낮게 앞뒤로 주며, 중심을 모아 꽂는다.

그림 13-10 | 수반 꽃꽂이

2 서양식 꽃꽂이

동양식 꽃꽂이와는 달리 일정한 골격없이 몇 가지 형에 따라 꽃을 모아 꽂는 방식이다. 주요 골격은 직선구성, 매스구성, 곡선구성, 입체구성 등이며 균형, 율동, 강조, 조화 등의 미적 표현요소를 감안하여 꽃을 꽂은 형태이다.

서양식 꽃꽂이는 미국(Western Style)과 독일(European Style)의 두 가지 형태로 나눌 수 있다. 미국이 기하학적 구성이 중심이 된 꽃장식이라면, 유럽은 자연 그대로의 개성을 중시하고 꽃의 형태를 충분히 살려서 표현한 꽃장식이라 할 수 있다.

1) 미국식 꽃꽂이

점, 선, 삼각형, 사각형, 원, 정육면체, 직육면체, 원통, 삼각뿔, 원뿔, 반구형 등과 같은 기하학적 구성을 기초로 응용하고 창작해서 전체적인 모습을 만들어내는 화려하고 다양한 색과 풍성한 느낌을 강조하는 형태의 꽃장식이다.

종류로는 원형(round, circular style), 삼각형(triangular s.), 수평형(horizontal s.), 수직형(vertical s.), 초생달형(crescent s.), S자형(hogarth s.), 부채형(fan s.), 폭포형(cascade s.) 등이 있다.

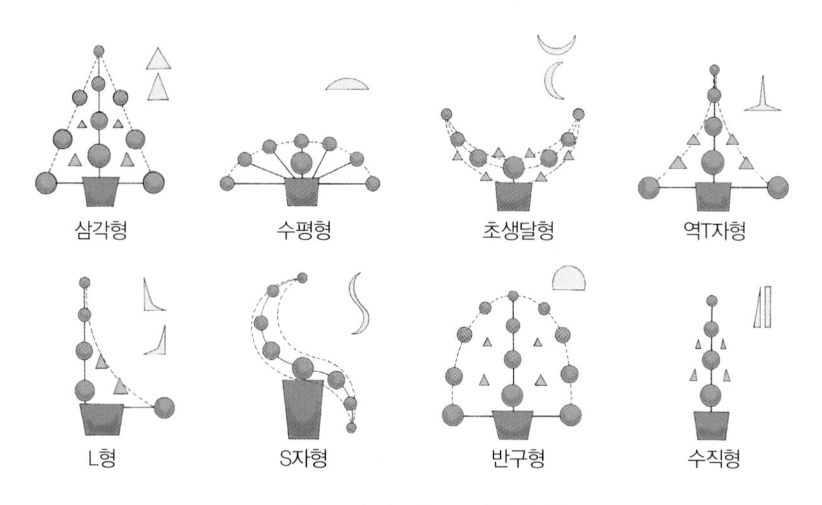

그림 13-11 미국식 꽃꽂이의 기본형

2) 유럽식 꽃꽂이

미국식 꽃꽂이와 달리 유럽식 꽃꽂이의 특징은 꽃 또는 모든 식물의 아름다움을 감상하는 것에 그치지 않고 자연 그대로의 개성을 중시하여 각각 독자적인 생명체로서 인식하는 것이다. 따라서 식물의 자기주장, 움직임의 형태, 재질감(표면구성) 등 특성을 이해하기 위한 특수 구성 이론이 꽃꽂이 원리의 바탕이 된다.

종류로는 장식적(decorative style), 식생적(vegetative s.), 병행적(parallel s.), 선형적(formal-linear s.), 도형적(graphic s.), 구조적(structure s.) 형태 등이 있다.

3) 꽃꽂이 소재의 4가지 구성 요소

꽃꽂이의 소재는 꽃이나 잎, 가지 등 식물 자신이 갖고 있는 특성에 따라서 크게 네 가지로 분류할 수 있으며, 각각의 특성에 맞게 장식한다면 보다 치밀하고 아름답게 구성할 수 있다.

① 선꽃(Line flower)

꽃장식에서 선(line)은 가장 기본적인 것으로 매우 중요하다. 선의 특징을 갖고 있는 꽃으로는 곧고 긴 줄기에 작은 꽃이 이어 피는 글라디올러스, 금어초, 스토크, 델피니움, 부들 등이 있다.

② 뭉치꽃(Mass flower)

꽃송이가 크고 둥글며 작품에서 디자인의 양감을 표현하는 데 효과적이다. 일반적으로 선꽃과 모양꽃의 중간에 위치하며 수국, 장미, 카네이션, 국화, 해바라기, 다알리아, 작약, 거베라 등이 이에 속한다.

③ 모양꽃(Form flower)

꽃 자체가 아름답고 색이 화려한 꽃으로 선이나 면에 변화를 주거나 액센트를 만드는 데 효과적인 꽃을 모양꽃이라 한다. 칼라, 안스리움, 나리, 아이리스, 카틀레야, 튤립, 양란 등이 이에 속한다.

④ 채우는 꽃(Filler flower)

선꽃과 뭉치꽃의 부족한 공간을 채워 주고 율동감이나 색감을 부드럽게 하는 역할을 한다. 주로 꽃이 작고, 가지에 많은 꽃이 붙어 있는 안개꽃, 스타티스, 과꽃, 패랭이, 소국 등이 이용되고 있다.

그림 13-12 | 꽃의 형태 분류

꽃꽂이의 응용

1 결혼식 꽃장식

결혼식 꽃장식에는 신부 부케 외에 신랑과 신부의 들러리, 양친의 꽃, 그리고 결혼식장의 장식인 촛대 장식, 벽면 장식, 아취 장식, 꽃길 장식 등 다양한 종류가 있다.

단상

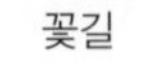

꽃길

테이블

신부대기실

그림 13-13 | 결혼식 꽃장식(김현민 작품)

1) 부케(bouquet)

부케란 프랑스에서 유래된 말로 장식용이거나 증정용으로 사용하기 위해 꽃이나 잎을 다발로 묶은 꽃다발을 의미한다.

전통 꽃꽂이와 함께 서양에서 발달해 온 꽃장식의 한 분야로서 역사적으로는 오랜 옛날부터 애용되어 왔다. 음악회나 연극 등 무대에서 주는 꽃다발 또는 방문할 때의 꽃다발은 선사용 부케(presentation bouquet)라고 하여 신부 부케와는 차이가 있다.

꽃다발은 장식용이나 선물로도 인기가 있지만 웨딩 부케가 더 인기가 있는 것은 신부의 아름다움을 더욱 돋보이게 하는 효과가 크기 때문이다.

웨딩 부케는 결혼할 시기와 장소, 신부의 체형과 드레스의 디자인에 어울리고 순결한 느낌이 들도록 주로 백색의 꽃으로 만든다.

가든 부케

히아신스 부케

부바르디아 부케

칼라 부케

그림 13-14 | 신부 부케(김현민 작품)

2) 코사지(corsage)와 부토니어(boutonniere)

코사지란 프랑스에서 유래된 말로 의상의 허리 부분 또는 상반신을 의미한다. 초기에는 여자의 의상 상반신에 장식하는 꽃을 의미했으나 점차 그 활용 범위가 머리에서 구두까지로 발전하였다.

부토니어는 신부의 부케에 이용한 꽃 한 송이로 남성의 양복 왼쪽 깃 단추 구멍을 장식하는 것으로, 가능한 한두 송이의 꽃으로 작게 만들어야 하며 보통 화려한 리본 장식은 하지 않는다.

결혼식에 참석한 양가의 부친과 할아버지 등의 남성은 부토니아를 가슴에 달고, 또 양가의 모친이나 할머니 그 밖의 자매들은 코사지를 가슴에 단다.

그림 13-15 | 코사지(김현민 작품)

그림 13-16 | 부토니어(김현민 작품)

3) 화동(花童, flower girl) 장식

신부가 부케를 들고 입장하기 전 웨딩 마치에 맞추어 꽃을 뿌리며 걸어가는 아동을 화동이라고 하며, 화동들이 입장할 때 들고 나오는 꽃은 신랑과 신부의 다산을 기원한다.

화동이 드는 꽃바구니와 머리의 꽃 장식은 보통 신부의 부케와 유사한 꽃으로 장식하며, 아이들의 체형에 맞게 작고 귀엽게 만들어야 한다.

그림 13-17 | 화동바구니(김현민 작품)

2 식탁 장식

식사를 하는 식탁이나 모임을 위한 탁자를 장식하는 것으로 식탁화(食卓花)라고 도 한다.

식탁화는 원형이나 정사각형의 테이블에 적당해야 하고 마주앉은 사람들의 얼굴이 가려지지 않도록 높이가 낮아야 하며, 어느 방향에서 보아도 선과 꽃의 표정이 나타나야 하므로 다루기 힘든 형이다. 식탁화는 카네이션, 거베라, 데이지, 튤립, 장미 등 중간 크기의 꽃이 사용하기에 적당하며 곁들이는 잎은 깨끗한 아이비, 금송악, 관엽식물의 잎 등이 어울린다.

완성된 꽃은 식탁 지름의 1/3 정도로 식사공간을 방해하지 않도록 한다. 식사를 하는 장소이고 가까이에서 자세히 관찰할 수 있으므로 꽃을 꽂은 뒤 플로랄 폼이 보이지 않는지, 화기가 지저분하지 않은지 잘 살피며 세심한 주의를 기울여 꽂아야 한다.

그림 13-18 | 식탁의 꽃장식은 맞은편 사람을 가리지 않을 정도로 낮게 장식한다.

3 꽃바구니

꽃바구니는 꽃꽂이나 부케를 위한 절화보다 많은 양이 소비되고 있다. 바구니 소재도 다양하여 대, 등나무, 플라스틱, 철제품 등이 있다. 꽃바구니 형태는 용도에 따라 다양하나 주로 360°에서 같은 모습을 보여주는 사방화를 주로 사용한다.

결혼, 음악회, 입학, 졸업, 개업, 퇴임, 출산 등 다양한 용도로 이용이 가능하고 목적에 따라 의미가 적당한 꽃을 선택해서 꽂아 주는 것이 바람직하다.

예를 들어 결혼이나 약혼식의 경우 지나치게 화려하고 잡다한 색은 피하고 백색과 분홍색, 싱싱한 녹색 잎이 조화를 이루도록 만들고, 출산이나 돌을 기념하기 위해서는 생동감이 넘치도록 원색적인 소재를 이용해 만드는 것이 좋다.

그림 13-19 | 사방화로 장식한 꽃바구니

꽃도 먹는다?

꽃에는 항산화, 항암성분이 많아 요리재료로 훌륭하며, 특히 제철 한창 많이 나올 때 요리하면 좋다. 우리나라에서는 삼월 삼짇날(음력 3월 3일) 찹쌀가루를 동그랗게 빚은 다음 진달래 꽃잎을 붙여 화전을, 가을에는 국화화전을 만들어 먹었다. 일본에서는 벚꽃, 유채꽃 요리가 다양하고, 이탈리아는 꽃을 넣어 파스타나 리조또를 만든다. 이렇게 다양한 꽃요리는 아무래도 맛보다는 꽃의 독특한 맛과 색이 뛰어나기 때문이다. 팬지는 달고, 한련화는 톡 쏘는 매운 맛이 있으며, 베고니아는 신맛이 있다. 비빔밥 위에 꽃잎을 살짝 뿌려도 되고 얼음을 얼릴 때 꽃잎을 하나씩 넣어 주스나 화채에 띄우면 정말 아름다운 꽃음식이 되며 간단히 만들 수 있다. 흔히 만들 수 있는 꽃음식으로는 장미나 팬지 등과 같이 꽃의 색과 모양을 이용한 꽃캔디, 꽃샐러드 등이 있다. 또한 꽃잎을 말려 잘게 부순 다음 설탕과 섞어 끓은 물에 타서 마실 수 있는 꽃차와 꽃술이 있다. 반면에 식용으로 이용할 꽃은 농약의 사용 여부를 알아보고 이용해야 한다.

먹는꽃 샐러드

1 준비물 : 소국, 편백, 바구니, 오아시스, 꽃가위
2 오아시스를 물에 담가 충분히 흡수시킨다.
3 물을 먹인 오아시스를 바구니 크기에 맞게 자른다.
4 크기에 맞게 자른 오아시스를 바구니에 넣는다.
5 편백을 중심 부분은 길게, 가장 자리는 짧게 자른다.
6 짧게 자른 편백을 전체적으로 골고루 꽂는다.
7 편백 사이사이에 소국을 적당하게 잘라 넣는다.
8 바구니를 돌려가며 소국을 골고루 꽂는다.
9 전체적으로 반구의 형태가 되도록 완성한다.

그림 13-20 | 꽃바구니 만들기

1 준비물 : 노란 장미, 빨간 장미, 흰색 미니 장미, 셀로움, 끈, 유리화병, 꽃가위
2 빨간색 장미를 중심으로 노란색 장미를 돌려 잡는다.
3 빨간색, 노란색, 흰색 장미를 어울리게 한 송이씩 한 방향으로 돌려준다.
4 꽃을 돌려 잡으며 전체적으로 둥근 형태의 꽃다발이 되도록 한다.
5 원하는 크기가 되면 셀로움 잎으로 가장 자리를 감싼다.
6 끈이나 철사로 묶어서 마무리한다.
7 묶은 부분의 아랫잎을 제거하고 긴 줄기를 자른다.
8 줄기는 유리화병 높이로 일자가 되도록 자른다.
9 유리화병에 넣고 분무기로 꽃잎에 물을 뿌려 준다.

그림 13-21 | 꽃다발 물꽂이 만들기

건조화와 압화

식물의 아름다움은 오랫동안 지속되지 못하므로 이를 반영구적으로 이용하려는 의지에서 식물을 말리거나 압축시키고 때로는 약품을 처리하는 방식 등으로 오래 보존되도록 한 것이 건조화와 압화이다.

1 건조화(말림꽃, dried flower)

식물의 꽃과 잎, 줄기, 열매 등을 말려 반영구적으로 이용 가능하게 만든 것을 건조화라 한다.

그림 13-22 | 건조화를 이용한 장식

1) 건조 방법

① 공기 중에서 건조시키는 방법

특별한 도구 없이 간편하게 할 수 있는 방법이나 건조 후 원래 크기보다 더 작아질 수 있고, 꽃잎이나 잎이 쭈글쭈글해지는 경우도 있다.

가장 일반적인 방법은 꽃들을 작은 다발이 되도록 고무밴드로 묶어 시원하고, 건조하며, 통풍이 잘 되는 어두운 장소에 거꾸로 매달아 말리는 것이다. 안개꽃, 리아트리스, 장미, 스타티스, 델피니움 등 대부분의 소재에 가능한 일반적인 방법이다.

또 다른 방법으로는 마분지나 신문지 위에 식물을 편평하게 놓아 말리는 방법으로 마를 때까지 가끔 뒤집으면서 형태를 잡아주어야 한다. 주로 잎류, 나뭇가지류, 열매류 등에 이용하는 방법이다.

쉽게 부서지는 식물은 플로랄 폼에 꽃을 꽂아 신선한 상태에서 그대로 건조시키며 회양목, 수국 등의 꽃에 적합한 방법이다.

② 실리카겔(silica-gel) 건조법

대부분의 플라워샵과 공예점에서 이용하는 방법으로 실리카겔은 거의 생화에 가까운 신선한 상태로 꽃을 건조시킨다.
건조하는 방법은 먼저 적당한 용기에 실리카겔을 넣은 다음 꽃의 줄기를 자르고 뒤집어서 실리카겔 위에 놓는다. 꽃과 꽃 사이의 간격은 수분이 전해지지 않도록 약 5~7cm 정도 띄어 준다.
꽃을 다 넣은 뒤 그 위로 꽃이 충분히 덮히도록 실리카겔을 넣고 용기 뚜껑을 닫는다. 종류에 따라 다르나 보통 5~7일 정도면 건조되므로 상태를 매일 점검해야 한다.
진한 분홍색, 오렌지색, 노랑색, 파랑색, 보라색 등 대부분의 꽃이 원래의 색상을 잘 유지하나 붉은색 계통의 꽃은 검게 변하는 경향이 있다.

그림 13-23 | 실리카겔을 이용한 건조법

③ 침액건조법(glycerine-drying)

글리세린을 이용하여 식물의 줄기나 잎을 건조시키는 방법으로 식물을 글리세린 용액에 담그면 글리세린이 식물에 흡수되고 식물속의 수분은 증발되어 건조가 이루어진다.

건조된 줄기와 잎들은 유연해지고 딸기류의 열매는 부드럽고 단단해진다. 대체로 부드러운 줄기는 3일에서 7일, 나뭇가지 재료는 1주에서 6주 동안 처리해야 한다. 글리세린에 색소를 첨가하면 식물을 염색할 수도 있다.

④ 극초단파(microwave) 건조법

극초단파 건조법은 가정에서 사용하는 전자레인지를 이용하는 것으로 실리카겔 건조 방법과 유사하나 극초단파를 이용하므로 단시간 내에 꽃색의 변화 없이 건조시킬 수 있는 방법이다.

극초단파 건조법은 대부분의 꽃에 사용이 가능하나 매우 작고 가는 재질이나 섬세한 꽃을 말리는 데는 적절하지 않다. 약 1분에서 3분 정도면 대부분의 꽃이 건조된다.

2 압화(누름꽃, pressed flower)

압화는 꽃의 수분을 제거하고 압착하여 말린 평면적 장식의 꽃 예술이라 할 수 있다. 압화를 이용하여 액자, 병풍, 양초, 보석함, 명함, 카드, 스탠드 등의 일반 생활 용품을 만들 수 있다.

그림 13-24 | 압화(신정옥 작품)

1) 압화 재료로 적합한 꽃

① 색이 선명한 꽃

② 구조가 간단하고 꽃잎이 작은 꽃

③ 크기가 중간 정도이거나 작은 꽃

④ 두께가 적당하고 꽃잎의 수분 함량이 적은 꽃

⑤ 황색, 오렌지, 남색, 자색, 홍색 등의 꽃

⑥ 적합한 꽃 : 팬지, 수선화, 수국, 코스모스, 제비꽃, 조팝나무 등

그림 13-25 | 압화 재료로 적합한 수국(왼쪽)과 조팝나무(오른쪽)

2) 압화 재료로 부적합한 꽃

① 꽃잎이 너무 크고 주름이 많은 꽃

② 꽃잎이 두껍고 수분 함량이 많은 꽃

③ 구형의 꽃

④ 부적합한 꽃 : 튤립, 카틀레야, 나리, 해바라기, 덴파레, 장미, 캄파눌라 등

3) 압화의 건조 방법

① 다리미 건조법

다리미로 지긋이 눌러 꽃이나 잎의 수분을 탈수시켜 건조시키는 방법으로 평면적인 엷은 꽃에 적당하다.

식물표본과 같은 연구에는 유용하지만, 잎의 색이 쉽게 변색되는 단점이 있다.

② 책을 이용한 건조법

잡지나 책 사이에 꽃과 잎을 넣어 말리는 전통적인 방법이다. 간편한 방법이나 건조시간이 오래 걸리고 색이나 형태가 변형되는 단점이 있다.

③ 건조매트를 이용한 방법

식물 채집용의 건조매트를 사용하여 간단하게 꽃을 말릴 수 있다. 필요한 재료로는 건조매트, 스펀지, 흡습지와 전체적으로 압력을 가할 수 있는 나사 또는 끈을 준비해야 한다.

사용 방법은 건조매트 → 스펀지 → 꽃배열용지 → 꽃 → 꽃배열용지 → 스펀지 → 건조매트의 순으로 놓고 전체를 나사나 끈을 이용하여 조인다.

휴대가 간편하여 식물 채집 시 바로 식물을 넣어 건조시킬 수 있다.

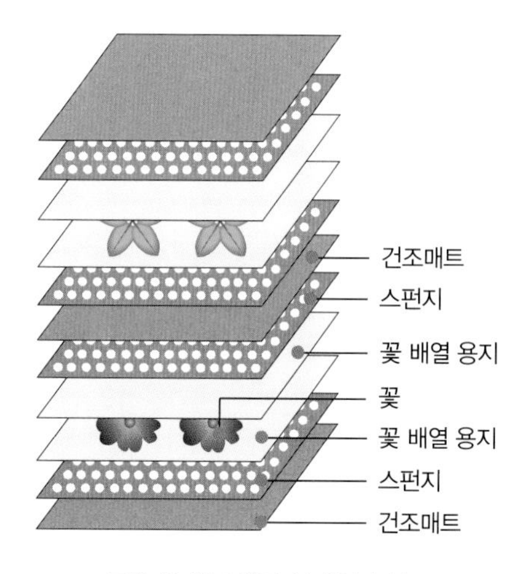

그림 13-26 | 건조 시 배열 순서

4) 압화의 보관 방법

꽃의 형태와 색을 예쁘게 건조시키는 것도 중요하지만, 보관을 잘못할 경우 저장 중에 변색이나 탈색될 수 있다.

압화를 장시간 보관할 경우에는 진공팩을 사용하고, 자주 사용하는 꽃은 지퍼팩에 보관하는 것이 좋다. 진공팩이나 지퍼팩 모두 건조제를 함께 넣어 보관하면 보다 좋은 상태로 유지할 수 있다.

변색의 주된 원인은 직사광선과 습도로 인한 것이기 때문에 건조화를 보관하는 장소는 직사광선이 들지 않는 건조하고 어두운 곳이 좋다.

1 주변의 꽃이나 잎을 모은다.
2 핀셋으로 꽃과 잎을 배열한다.
3 가지런히 배열된 꽃과 잎
4 흡습 종이로 덮는다.
5 끈으로 묶는다.
6 비닐 속에 넣고 건조시킨다.
7 색변화 없이 잘 건조되었다.
8 꽃과 잎을 적당히 배치한다.
9 풀을 살짝 묻혀 배치한다.
10 액자 유리를 덮는다.
11 액자에 끼워 넣는다.
12 실내를 장식한다.

그림 13-27 | 압화 액자 만들기

원예이야기

우리에게 친근한 식물 II

물푸레나무과(Oleaceae)

꽃잎은 4장으로 붙어 있다. 대표적인 식물로는 개나리나 라일락, 쟈스민류, 쥐똥나무, 미선나무, 목서류 등으로 대부분이 향기가 좋은 꽃이 피는 나무이다.

개나리 라일락 쟈스민류

은목서 금목서 쥐똥나무 미선나무

콩과(Leguminosae)

주로 나무 식물로 뿌리에 혹이 있어 공기중 질소를 고정하는 박테리아와 공생한다. 꽃잎은 5장으로 떨어져 있다. 대표적인 식물로는 콩이나 등나무, 아까시나무, 토끼풀(클로버), 자귀나무 등이 있다.

콩 등나무 아까시나무 자귀나무

토끼풀 토끼풀 뿌리의 뿌리혹 자운영 신경초

국화과(Compositae)

보통 잎이나 꽃에서 좋은 향기가 나지만, 경우에 따라서는 꽃에서 악취가 나는 경우도 있다. 꽃잎은 5장으로 붙어있다. 대표적인 초화류로는 국화, 구절초, 감국, 산국, 금잔화, 데이지, 해바라기 등이 있고 채소류에는 상추와 쑥갓이 있다.

국화 구절초 산국 금잔화

데이지 매리골드 코스모스 해바라기

백합과(Liliaceae)

보통 초본성 식물로 지하부에 비대한 줄기가 있다. 꽃잎 3장, 꽃받침잎 3장으로 각각 떨어져 있다. 대표적인 식물로는 백합, 튤립, 무스카리, 처녀치마, 은방울꽃, 비비추, 양파, 마늘 등이 있다.

나리 원추리(원예용) 튤립 무스카리

처녀치마 은방울꽃 비비추 양파꽃

인간과 식물, 그리고 원예 생활

인류 역사의 시작과 함께 꾸준히 유지되었던 인간과 식물과의 관계에 대한 인문·사회학적 의미와 그 실용적인 효과, 그리고 인간 심리와 정서에 미치는 영향 등에 대해 알아봄으로써 생활 속에서 원예활동의 의미와 그 가능성에 대해 생각해 본다.

심리와 인간관계에 미치는 영향

1 정서적인 안정감

- 숲이나 식물의 녹색은 인간을 심리적으로 편안하게 한다.
- 식물, 특히 계절에 따라 변화하는 나무들은 계절감을 느끼게 함으로써 우리들의 정서생활을 풍부하게 해 준다.
- 새나 동물의 유치 : 동물들을 주변에서 쉽게 접할 수 있다는 것은 자연 속에 있는 자신을 발견하게 되는 중요한 계기가 된다.

그림 14-1 | 우리에게 편안함을 제공하는 숲의 푸르름

그림 14-2 | 어느 지하철역에 놓은 조화의 모습 이 유사(類似) 푸르름은 미적인 역할보다는 심리적인 역할이 크다.

그림 14-3 | 가을의 단풍은 우리에게 계절감을 전해주는 훌륭한 자연요소이다.

그림 14-4 | 주변에 곤충이나 새가 있다는 것은 우리에게 편안함을 제공한다.

- 헤르만 헤세의 "정원 일의 즐거움"
  정원 일은 명상과 정신적인 소화를 위한 것이다 ....(중략).... 정원 일을 할 때는 물질적인 충동이나 사색으로부터 완전히 순수하게 벗어나게 된다.

2 창조의 즐거움

- 분업화된 현대 노동에서의 소외감을 경감시킬 수 있는 완성과 창조의 즐거움을 경험할 수 있다.
- 종자파종이나 꺾꽂이, 포기나누기 등과 같은 원예식물의 번식은 새로운 식물체를 만들어서 꽃을 피워 열매를 맺게 할 수 있다.
- 꽃장식은 다양한 원예식물을 이용하여 장식함으로써 하나의 예술품을 창조한다.

그림 14-5 | 각각의 식물들이 꽃장식을 통해 예술품이 된다.

그림 14-6 | 식물의 번식은 생명의 신비감을 더해준다.

3 자기의 존재 가치 발견

- 다른 생명체의 부양을 통해 책임감을 느낄 수 있다.
- 분화의 경우에는 빛이나 온도, 수분, 토양과 같은 모든 환경요인이 전적으로 기르는 사람에 의해 좌우된다.
- 노인들의 자존감(self-esteem) 회복이나 전업주부 등의 무기력감에 의한 우울증 해소에 도움이 된다.

그림 14-7 | 화분에 심겨져 있는 식물은 단순히 미적 대상으로서의 사물이 아니라 살아 있어 생명의 아름다움을 제공하는 생명체이다.

4 스트레스 해소

파괴를 수반하는 원예활동인 '가지치기'나 '흙파기' 등을 통해서 파괴만을 위한 본능의 충족이 아닌 창조를 위한 '건설적인' 파괴를 경험할 수 있다. 특히 최근 컴퓨터 게임이나 폭력매체에 노출된 청소년들의 정서 생활에 도움을 줄 수 있다.

5 가족간 공통의 관심사 및 화제거리 제공

현대 사회에서 가족 구성원 간 소외감의 한 원인인 공통 관심사나 대화거리, 협동할 기회의 부족을 채워줄 수 있다

6 공동체 의식의 형성

공동체 정원에서의 공동작업을 통한 '이웃정' 회복 및 '먹거리를 나누는 것'의 즐거움을 경험할 수 있다.

교육적인 효과

1 교양으로서의 식물에 대한 기본 지식 습득

인류의 역사나 문학 속에 등장하는 다양한 식물의 이름이나 변화 등을 체험적으로 학습할 수 있다. 초등학교 교과서 전과정에 나오는 200가지 이상의 식물의 모양이나 습성에 대해 알 수 있다.

그림 14-8 | 식물과 관련된 인문, 사회학적 교양은 어려서부터 식물을 자주 접함으로써 자연스럽게 익힐 수 있다.

그림 14-9 | 체험학습을 통하여 다양한 식물의 이름이나 변화 등을 알 수 있다.

2 유아들의 분별력과 상상력 배양

다양한 식물의 잎이나 꽃, 줄기에서 색이나 모양의 차이를 구별함으로써 사물의 차이점에 대해 인지할 수 있는 자연스런 장을 제공한다.

3 사물에 대한 관찰력 배양

싹이 트거나 본잎이 나고 꽃이 피고 열매를 맺는 등 시시각각으로 변하는 식물 모습의 변화과정을 보면서 그 차이점을 체득할 수 있다.

4 산만한 어린이들의 집중력 및 계획성 증진

식물의 자라나는 모습을 보며 이전과의 변화를 자연스럽게 인지함으로써 집중력을 배양할 수 있다. 식물이 자라나는 단계에 따라 필요한 돌보기를 함으로써 일의 계획적인 추진을 경험할 수 있다.

5 환경교육의 장

끊임없는 환경과의 상호작용으로 생장하는 식물의 모습을 관찰함으로써 밀접히 연관되어 있는 생태계에 대한 이해가 증진된다.

그림 14-10 | 나리의 열매 등으로 만든 족제비
식물의 잎이나 꽃, 열매 등은
다양한 상상의 원천이 된다.

실용적인 효과

1 저렴한 취미생활

- 먼 자연경관을 즐기는 것은 가까운 공원이나 가정에서 자연을 즐기는 것보다 환경에 대한 부하가 크고 비용과 시간이 많이 든다.
- 원예활동은 가정으로 축소된 자연경관을 도입하여 가꾸면서 즐기는 것이다.
- 원예활동은 상당한 운동량이 소요된다.

2 정기적으로 일정량의 청정 먹거리 제공

섬유질이나 비타민, 각종 영양소의 유통 중 손실이 없는 신선한 채소와 과일을 섭취하면서 부식비도 절약할 수 있다.

3 심리적, 임상적 치료 효과

교정기관이나 양로원, 심신재활기관, 병원 등에서 임상적 치료 효과를 얻기 위해 원예치료(horticultural therapy)가 이용되고 있다.

4 실내외 미기상(微氣象) 환경의 조절 효과

- 옥상정원이나 덩굴식물은 여름에는 시원하게 겨울에는 따뜻하게 건물을 유지시켜 준다.
- 서울 여의도공원의 완성으로 인해 주변 온도가 2℃ 정도 따뜻하거나 시원해졌다.

- 도심지의 가로수나 등나무의 파골라는 여름철 시원한 그늘을 제공한다.
- 실내의 관엽식물은 잎에서의 증산이나 화분에서의 증발 등으로 실내습도를 높여 쾌적한 환경을 제공해 줄 수 있다.
- 다른 가구나 물체에 비해 표면적이 넓은 식물은 다양한 실내외 먼지를 흡착하고 있다.
- 식물은 소음이나 강한 바람을 완화시켜 주는 보호막이 될 수 있다.

그림 14-11 | 아름답게 식물로 꾸민 옥상정원은 훌륭한 휴식공간이 될 뿐만 아니라 건물의 미기상도 조절할 수 있다.

그림 14-12 | 도시의 가로수는 보행자에게 그늘을 제공할 뿐만 아니라 먼지를 흡착하고 자동차 소음을 흡수한다.

5 실내 공기오염물질의 제거

건물 내의 페인트나 건축 단열재, 가구 등에서 배출되는 휘발성 유기물질(VOC)은 두통이나 알레르기, 천식 등과 같은 빌딩증후군을 일으킨다. 여러 연구에서 실내의 식물은 이러한 유해 물질들을 효과적으로 흡수하였다.

6 장식적 가치

- 쾌적한 환경조성 : 보는 이에게 주변 환경이 "가꿈을 받는다"는 만족감을 준다.
- 구매욕 촉진 : 백화점이나 상점가, 레스토랑, 고속도로 휴게소에서 식물을 이용한 장식은 소비자의 시선과 동선을 유도하는 역할을 한다.

- 차폐효과 : 보기에 좋지 않은 구조물 혹은 사생활을 위해 일부의 경관을 효율적으로 차폐시킬 수 있다.
- 부동산 가치의 증대 : 원예식물이나 도시공원 혹은 가로수로 잘 꾸며진 상점가나 주택가는 부동산 가치가 증가한다.

그림 14-13 | 꽃으로 아름답게 꾸며 놓은 고속도로 휴게실 고객의 발걸음을 유도한다.

그림 14-14 | 도시의 다리가 페튜니아로 아름답게 장식되어 있다.

7 스트레스의 경감을 통해 작업효율 증진

직장인들이 점심식사 후 빌딩 앞의 소공원이나 주변 공원 등에서 유사 자연을 즐김으로써 직장에서의 스트레스를 줄일 수 있다.

그림 14-15 | 잘 꾸며진 정원에서의 휴식은 스트레스 해소에 큰 도움이 된다.

원예이야기

나무와 열매, 꽃과 열매 짝짓기

1

2

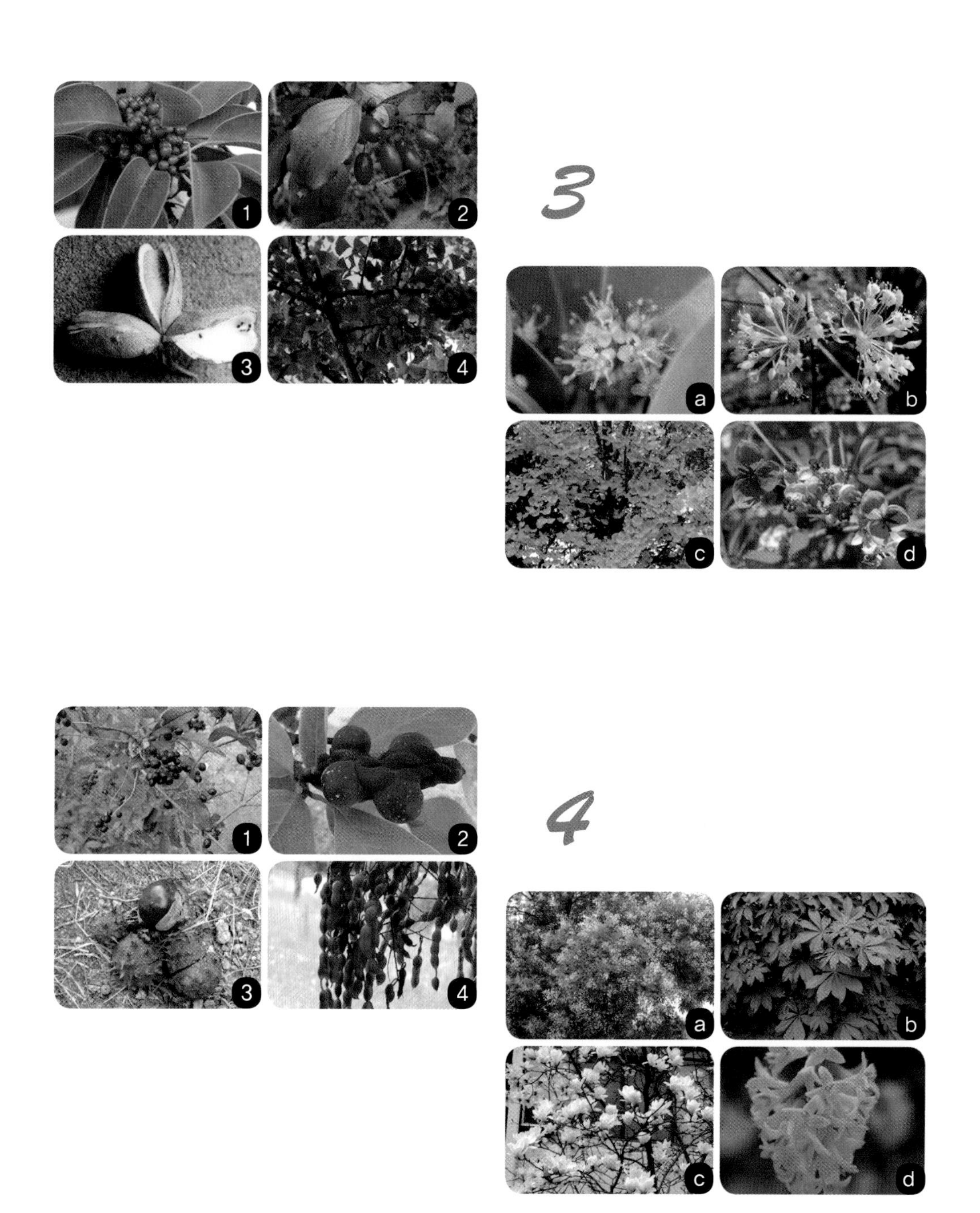
3
4

정답

1

피라칸사 (Pyracantha)	누리장나무 (Clerodendron)	단풍나무 (Acer)	돈나무 (Pittosporum)
①	②	③	④
ⓓ	ⓒ	ⓑ	ⓐ

2

동백나무 (Camellia)	등나무 (Wisteria)	모감주나무 (Koelreuteria)	벽오동 (Firmiana)
①	②	③	④
ⓒ	ⓓ	ⓑ	ⓐ

3

먼나무 (Ilex)	산수유 (Cornus)	으름 (Akebia)	은행나무 (Gingko)
①	②	③	④
ⓐ	ⓑ	ⓓ	ⓒ

4

쥐똥나무 (Ligustrum)	백목련 (Magnolia)	(서양)칠엽수 (Aesculus)	회화나무 (Sophora)
①	②	③	④
ⓓ	ⓒ	ⓑ	ⓐ

나만의 반려식물 가꾸기

원예와 함께하는 생활

2023년 2월 20일 초판 발행

지은이 서정남 경윤정 박천호
만든이 정민영

펴낸 곳 부민문화사
출판 등록 1955년 1월 12일 제1955-000001호
주소 (04304) 서울 용산구 청파로73길 89(부민 B/D)
전화 (02) 714-0521~3
팩스 (02) 715-0521
http://www.bumin33.co.kr E-mail: bumin1@bumin33.co.kr

정가 20,000원
공급 한국출판협동조합
ISBN 978-89-385-0407-4 93520